このテキストについて

ある問題について、同じ種類・同じレベルの問題をくりかえし練習することによって確かな定着が得られます。
そこで、中学入試につながる文章題や応用問題について、同種類・同レベルの問題をくりかえし練習することができる教材を、小学校低学年向きに作成しました。
特に低学年であればあるほど、本人の気持ちが勉強に対する姿勢を左右する割合が大きいので、子供のやる気を引き出してあげることがお母さん（お父さん）のまず第一番目の役割なのです。解ければほめてあげる・悩んでいれば励ましてあげる・どんな時も決してけなさない事が子供の学習意欲を駆り立てます。このような観点から、次のことに注意して指導をしてあげてください。

指導上の注意

① 解けない問題・本人が悩んでいる問題については、お母さん（お父さん）が説明してあげてください。その時に、できるだけ具体的な物に例えて説明してあげると良く分かります。（例えば実際に目の前に鉛筆を並べて数えさせるなど。）

② お母さん（お父さん）はあくまでも補助で、問題を解くのはお子さん本人です。お子さんの達成感を満たすためには、最後の答えまで教え込まず、ヒントを与える程度に止め、本人が自力で答えを出すのを待ってあげて下さいてください。

③ 子供のやる気が低くなってきていると感じたら、無理にさせないで下さい。お子さんが興味を示す別の問題をさせるのも良いでしょう。

④ 丸つけは、その場でしてあげてください。フィードバック（自分のやった行為が正しかったかどうか評価を受けること）は早ければ早いほど本人の学習意欲と定着につながります。

以上

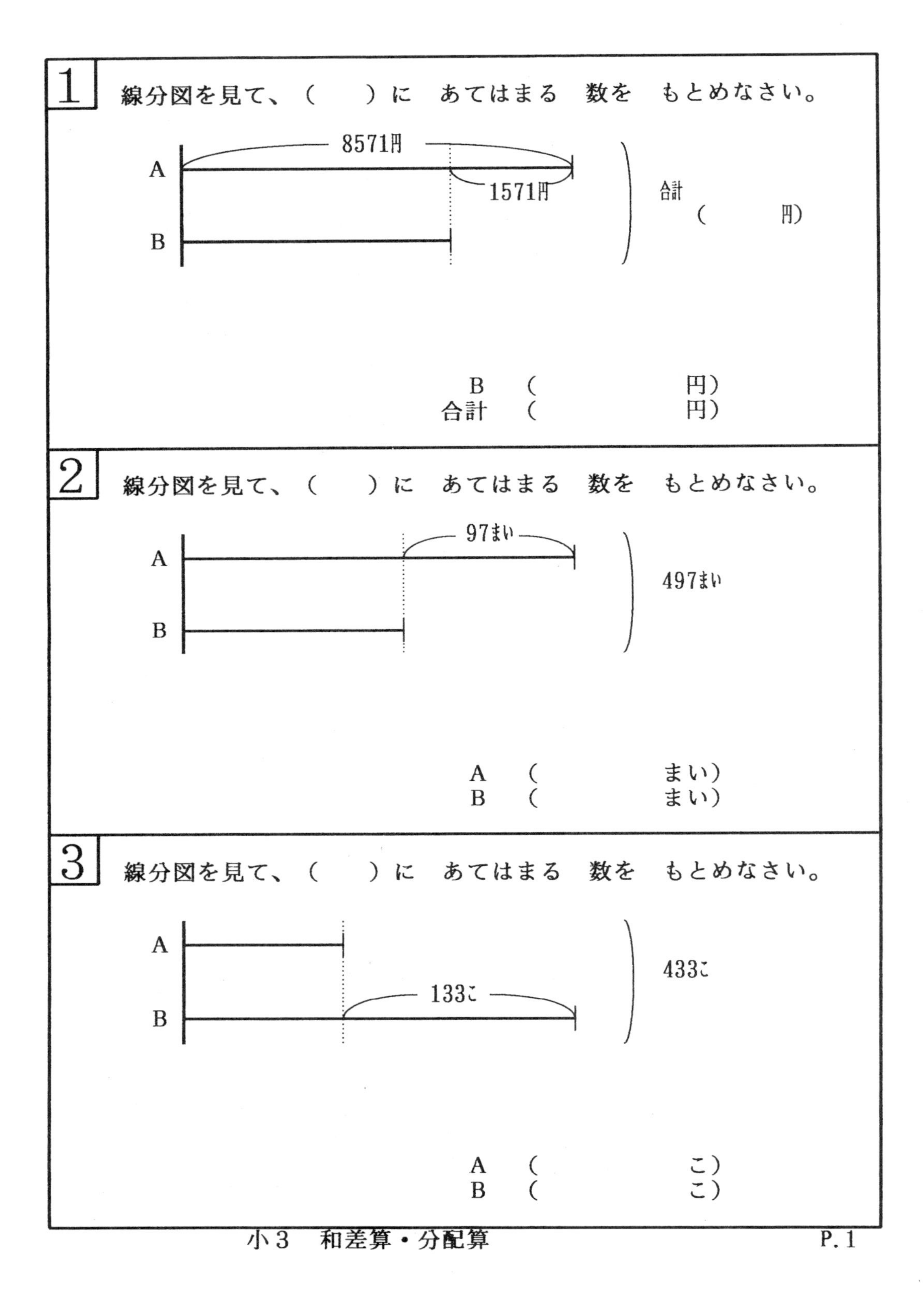
1
線分図を見て、（　　）に　あてはまる　数を　もとめなさい。
A
B
8571円
1571円
合計
（　　　円）
B　（　　　　　円）
合計　（　　　　　円）
2
線分図を見て、（　　）に　あてはまる　数を　もとめなさい。
A
B
97まい
497まい
A　（　　　　　まい）
B　（　　　　　まい）
3
線分図を見て、（　　）に　あてはまる　数を　もとめなさい。
A
B
133こ
433こ
A　（　　　　　こ）
B　（　　　　　こ）

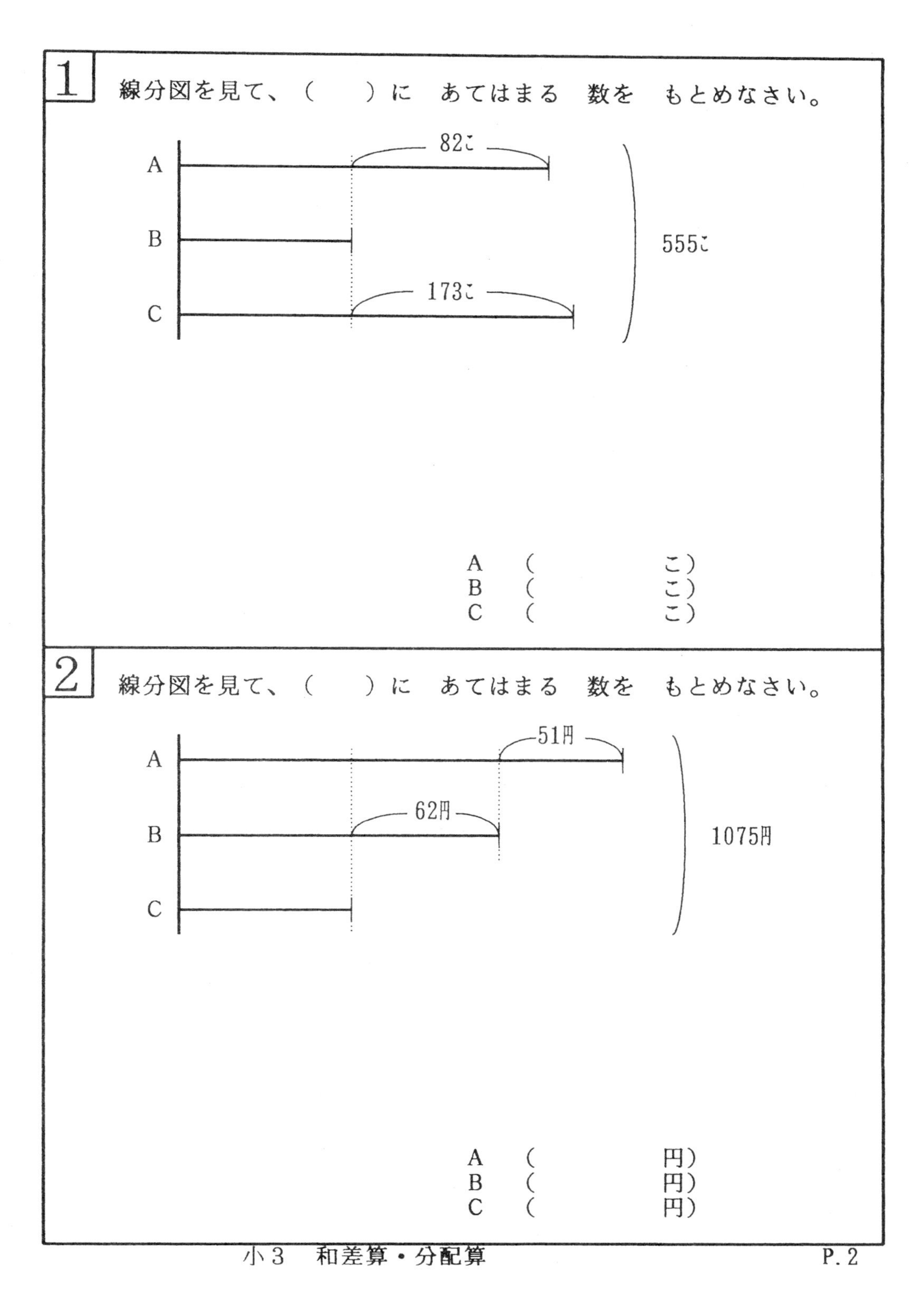
1
線分図を見て、（　　）に　あてはまる　数を　もとめなさい。
A
B
C
82こ
173こ
555こ
A　（　　　　　こ）
B　（　　　　　こ）
C　（　　　　　こ）
2
線分図を見て、（　　）に　あてはまる　数を　もとめなさい。
A
B
C
51円
62円
1075円
A　（　　　　　円）
B　（　　　　　円）
C　（　　　　　円）

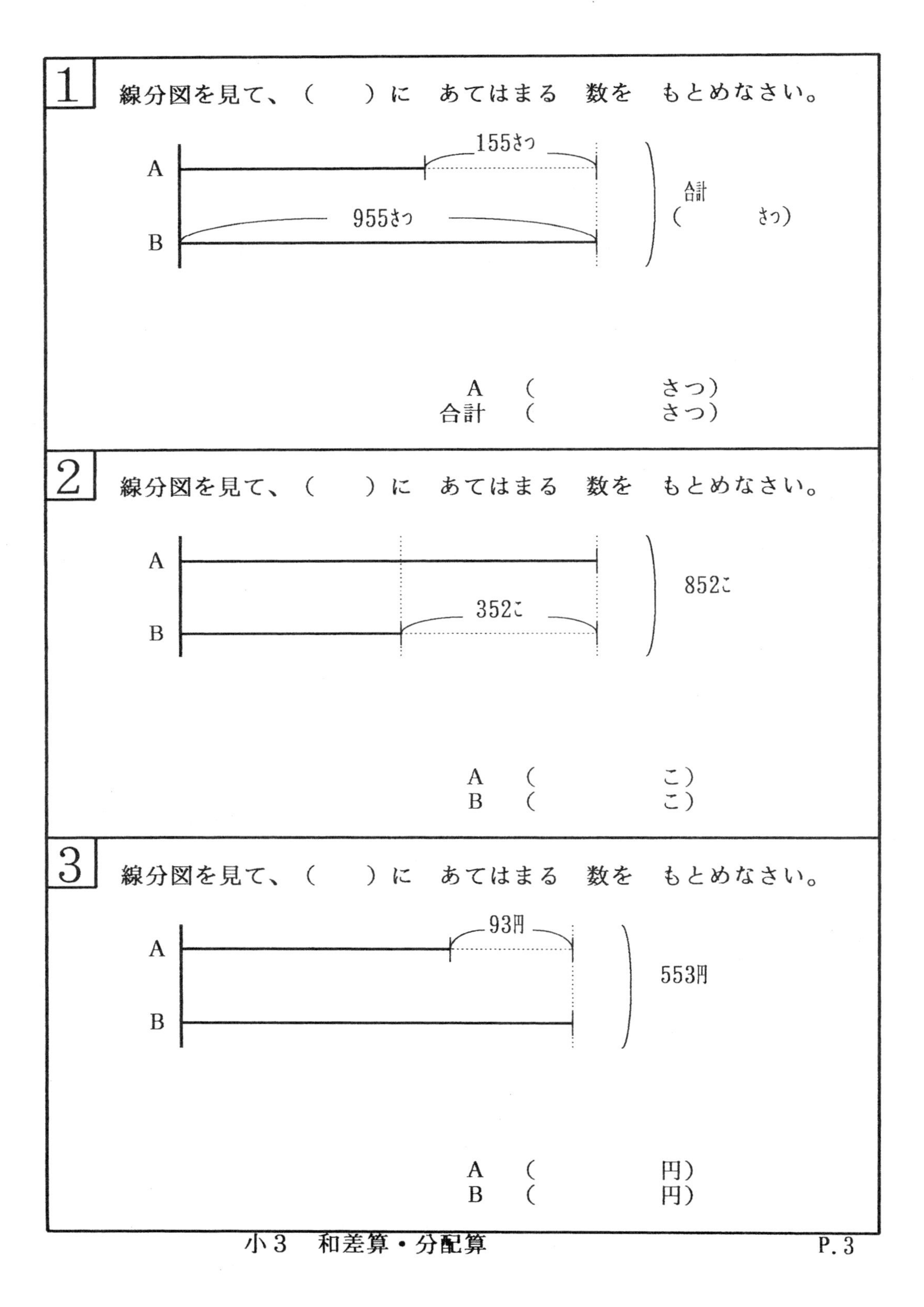
1
線分図を見て、（　　）に　あてはまる　数を　もとめなさい。
155さつ
A
955さつ
B
合計
（　　　さつ）
A　（　　　　さつ）
合計　（　　　　さつ）
2
線分図を見て、（　　）に　あてはまる　数を　もとめなさい。
A
352こ
B
852こ
A　（　　　　こ）
B　（　　　　こ）
3
線分図を見て、（　　）に　あてはまる　数を　もとめなさい。
93円
A
B
553円
A　（　　　　円）
B　（　　　　円）

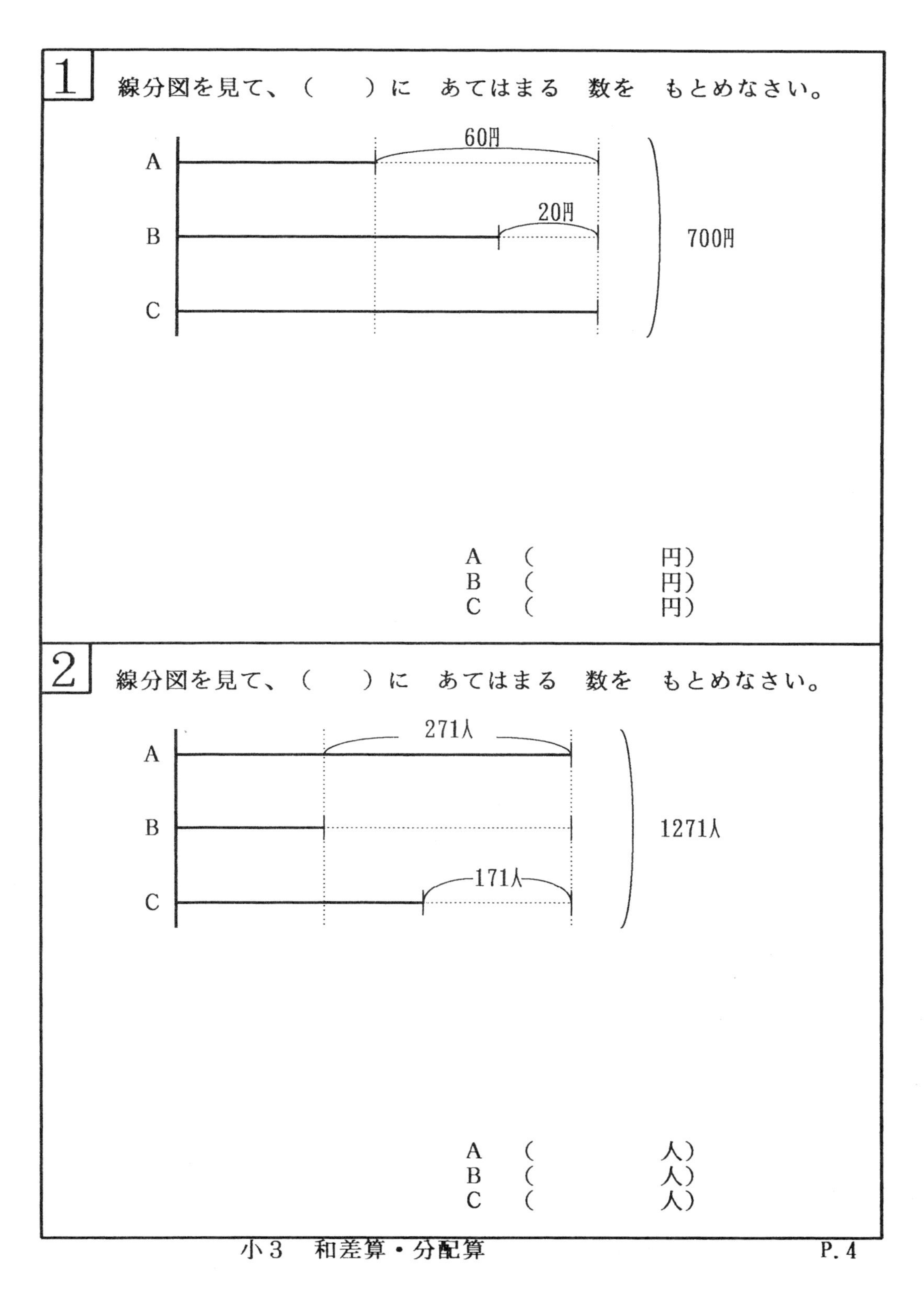

1 線分図を見て、（　　）に　あてはまる　数を　もとめなさい。

A　（　　　　　円）
B　（　　　　　円）
C　（　　　　　円）

2 線分図を見て、（　　）に　あてはまる　数を　もとめなさい。

A　（　　　　　人）
B　（　　　　　人）
C　（　　　　　人）

1 次の　問題を　線分図で　あらわしなさい。

サルは　ネコより　７２ひき多く　います。また、サルとネコの合計は　５７２ひきです。

2 次の　問題を　線分図で　あらわしなさい。

チューリップは　タンポポより　５８本　多く　さいています。また、チューリップと　タンポポの　合計は　２７８本です。

3 次の　問題を　線分図で　あらわしなさい。

２４３この　アメ玉を、ぼくと　兄の　２人で　分けます。兄はぼくより　４３こ　多く　もらいます。

1 次の　問題を　線分図で　あらわしなさい。

８２０この　ビー玉を、兄と　弟の　２人で　分けました。
弟が　もらったのは、兄よりも　１７０こ　少なかったそうです。
（～～～で　あらわしてください。）

2 次の　問題を　線分図で　あらわしなさい。

５０００円の　お金を、Ａ・Ｂ・Ｃの　３人で　分けました。
ＡはＢより　５００円多く、ＣはＢより　１５００円多く　もらいました。

3 次の　問題を　線分図で　あらわしなさい。

兄・弟・妹の　３人の　持っている　お金の　合計は　３６００円です。また、兄は弟より　１５０円多く、弟は妹より　３００円多く持っています。

1

７４この　ビスケットを、兄と　弟の　２人で　分けます。兄は　弟より　３４こ　多く　もらいます。２人は　それぞれ　何こ　もらいますか。

（式）

答え　（兄…　　　　　弟…　　　　　）

2

ある　学校の　生徒数は、７２５人です。また、女子は　男子より　４５人　少ないそうです。この　学校の　男子と女子の　生徒数は　それぞれ　何人ですか。

（式）

答え　（男子…　　　　　女子…　　　　　）

3

大・小　２つの　数が　あります。その　数の　和（合計）は　４５２で、差（ちがい）は　５２です。２つの　数は、それぞれ　いくつですか。

（式）

答え　（大…　　　　　小…　　　　　）

1

５ｍの　ロープ　を、太郎と次郎の　２人で　分けます。
太郎は　次郎より　２０ｃｍ　長くなるように　分けます。
２人は　それぞれ　何ｍ何ｃｍ　もらえますか。

（式）

答え　（太郎…　　　　　次郎…　　　　　）

2

３８００円の　お金を、Ａ・Ｂ・Ｃの　３人で　分けます。
Ｂは　Ａより　２００円、Ｃは　Ｂより　４００円　多くなる
ようにします。３人は　それぞれ　何円　もらえますか。
（線分図をかいてからやりなさい。）

（線分図）

（式）

答え　（Ａ…　　　　　Ｂ…　　　　　Ｃ…　　　　　）

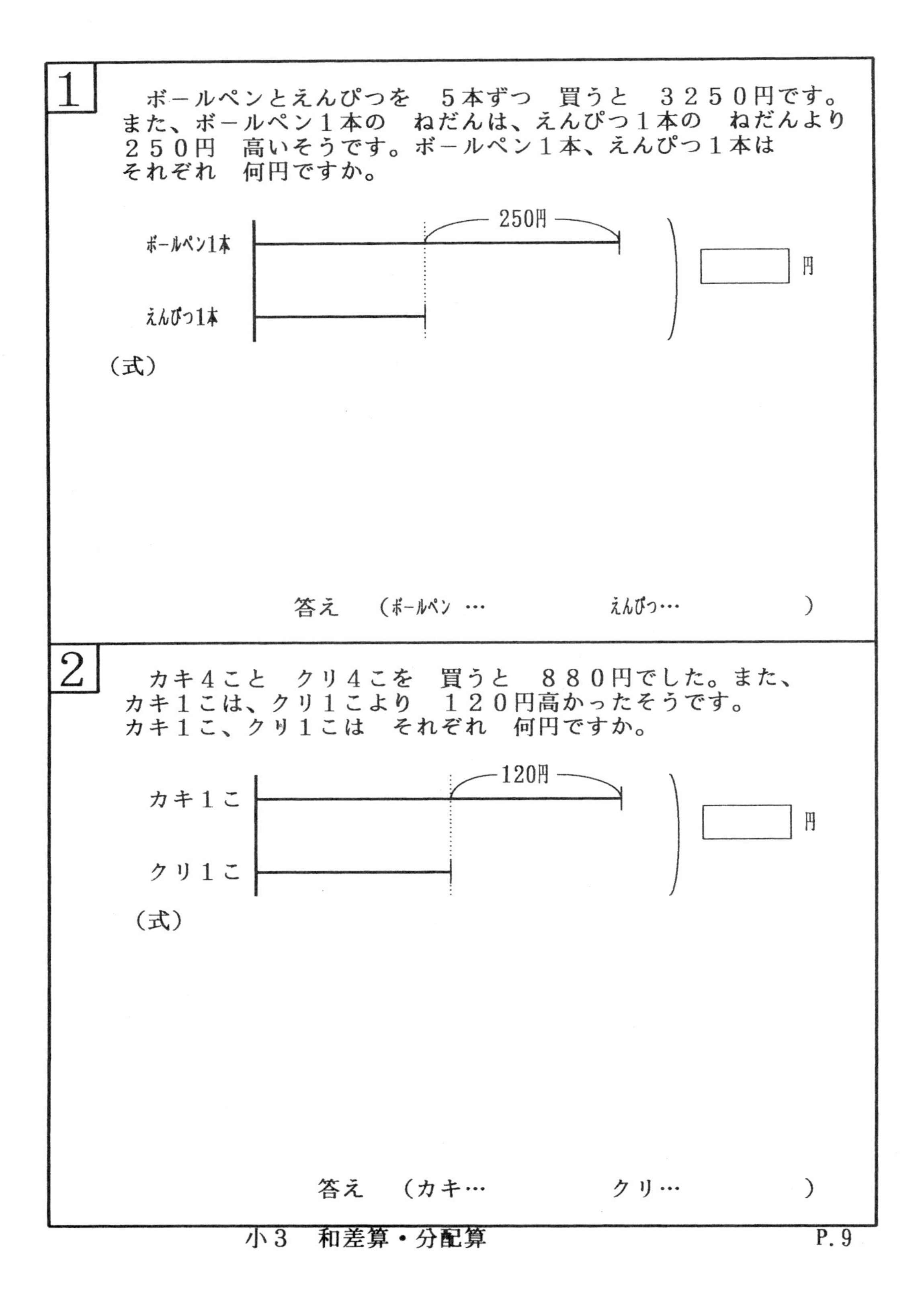

1

ボールペンとえんぴつを　５本ずつ　買うと　３２５０円です。また、ボールペン１本の　ねだんは、えんぴつ１本の　ねだんより　２５０円　高いそうです。ボールペン１本、えんぴつ１本は　それぞれ　何円ですか。

（式）

答え　（ボールペン　…　　　　　えんぴつ…　　　　　）

2

カキ４こと　クリ４こを　買うと　８８０円でした。また、カキ１こは、クリ１こより　１２０円高かったそうです。カキ１こ、クリ１こは　それぞれ　何円ですか。

（式）

答え　（カキ…　　　　　クリ…　　　　　）

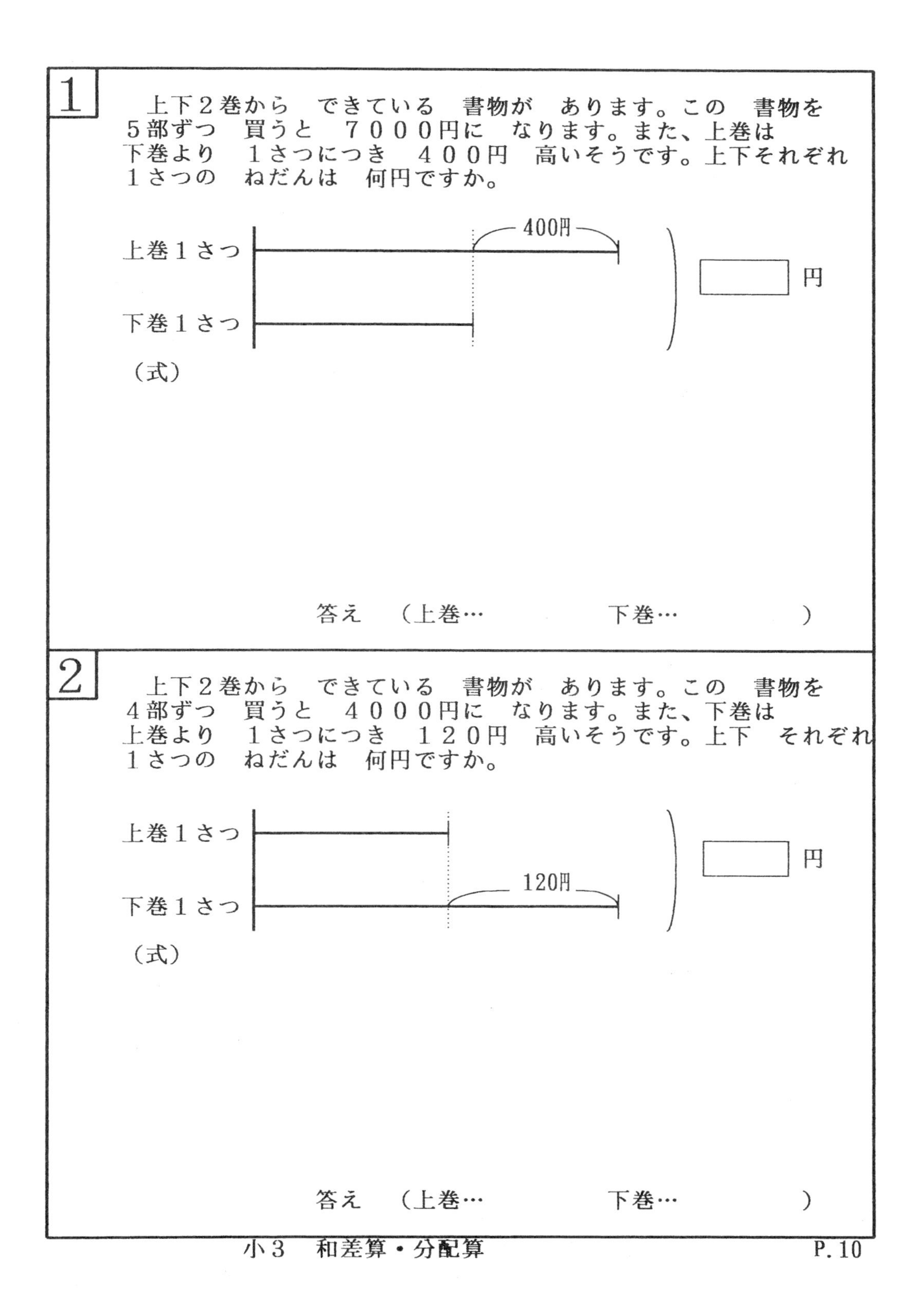
1
上下２巻から　できている　書物が　あります。この　書物を
５部ずつ　買うと　７０００円に　なります。また、上巻は
下巻より　１さつにつき　４００円　高いそうです。上下それぞれ
１さつの　ねだんは　何円ですか。
上巻１さつ
400円
下巻１さつ
円
（式）
答え　（上巻…　　　　　下巻…　　　　　）
2
上下２巻から　できている　書物が　あります。この　書物を
４部ずつ　買うと　４０００円に　なります。また、下巻は
上巻より　１さつにつき　１２０円　高いそうです。上下　それぞれ
１さつの　ねだんは　何円ですか。
上巻１さつ
120円
下巻１さつ
円
（式）
答え　（上巻…　　　　　下巻…　　　　　）

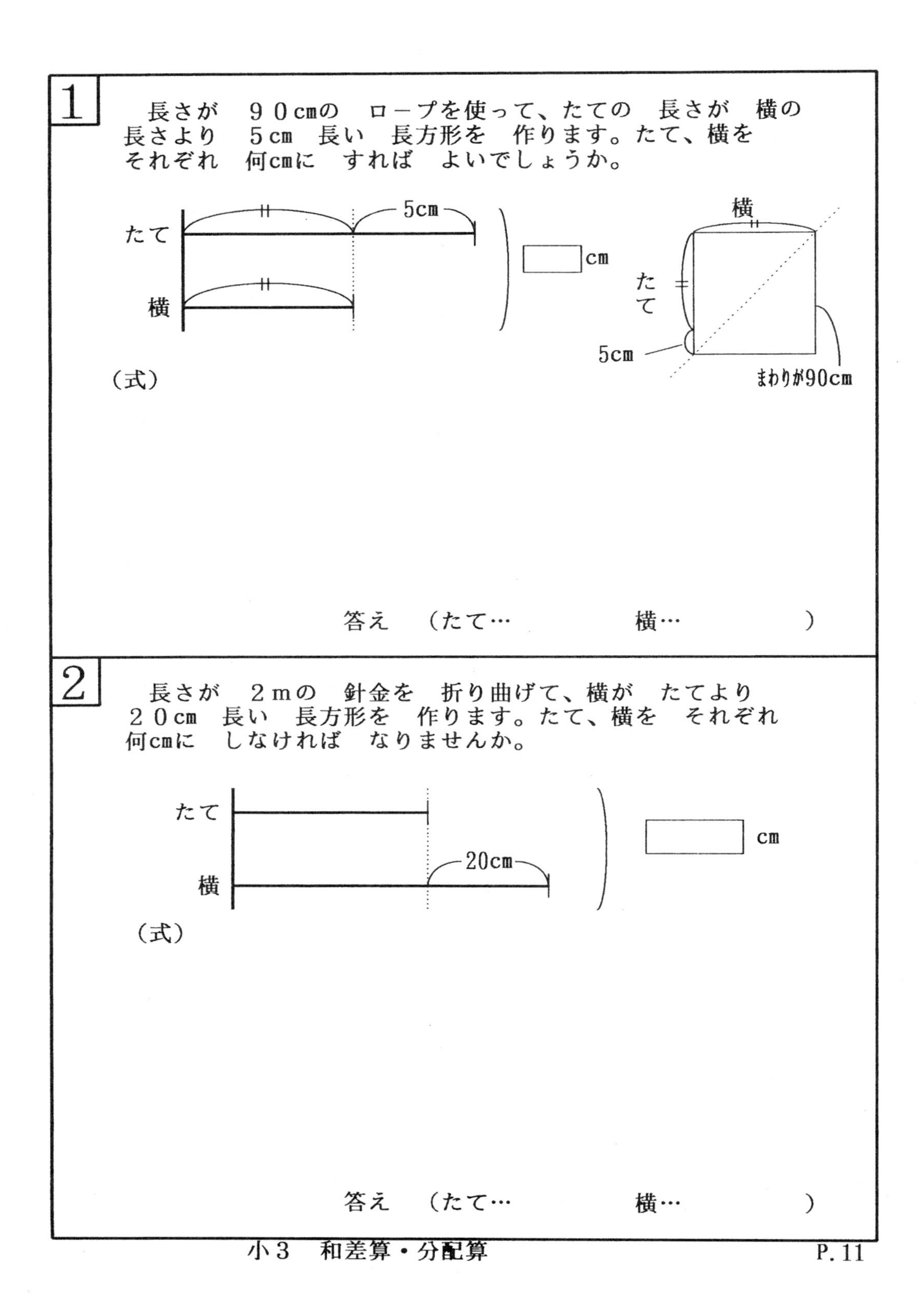

1

　長さが　９０cmの　ロープを使って、たての　長さが　横の
長さより　５cm　長い　長方形を　作ります。たて、横を
それぞれ　何cmに　すれば　よいでしょうか。

（式）

答え　（たて…　　　　　横…　　　　　）

2

　長さが　２ｍの　針金を　折り曲げて、横が　たてより
２０cm　長い　長方形を　作ります。たて、横を　それぞれ
何cmに　しなければ　なりませんか。

（式）

答え　（たて…　　　　　横…　　　　　）

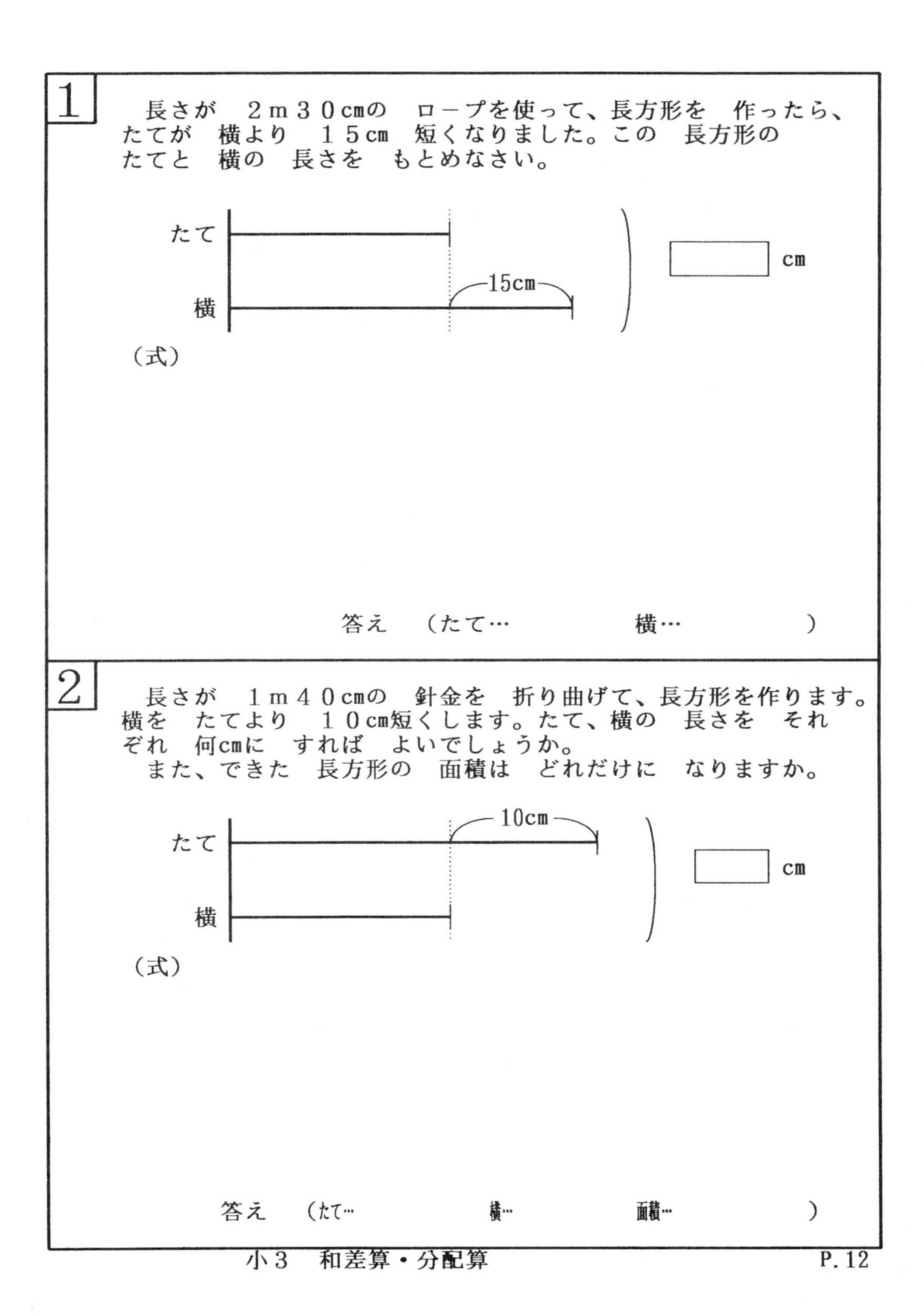
1
長さが　２ｍ３０cmの　ロープを使って、長方形を　作ったら、
たてが　横より　１５cm　短くなりました。この　長方形の
たてと　横の　長さを　もとめなさい。
たて
15cm
横
cm
（式）
答え　（たて…　　　　横…　　　　）
2
長さが　１ｍ４０cmの　針金を　折り曲げて、長方形を作ります。
横を　たてより　１０cm短くします。たて、横の　長さを　それ
ぞれ　何cmに　すれば　よいでしょうか。
また、できた　長方形の　面積は　どれだけに　なりますか。
10cm
たて
横
cm
（式）
答え　（たて…　　　　横…　　　　面積…　　　　）

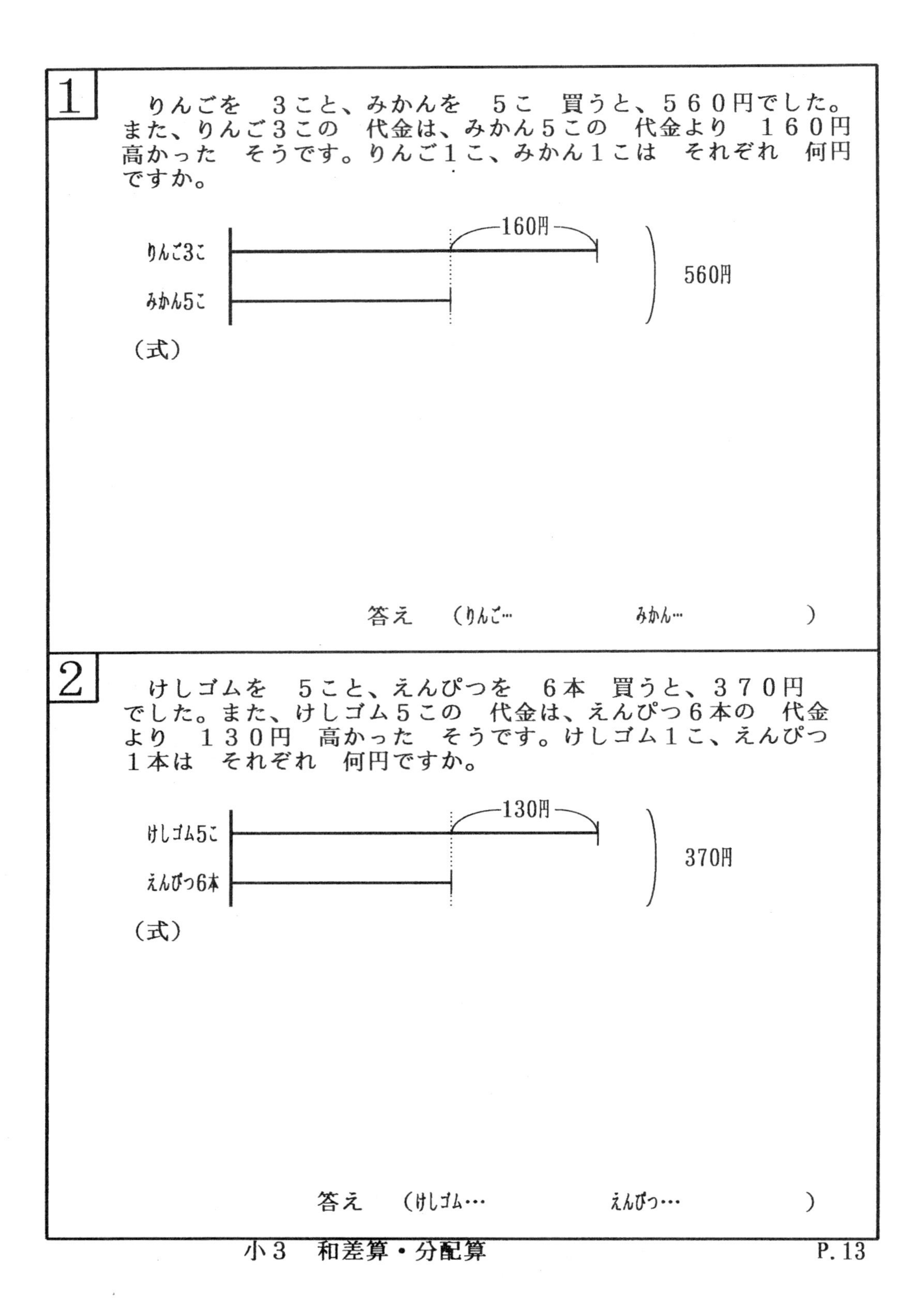

1

りんごを　３こと、みかんを　５こ　買うと、５６０円でした。また、りんご３この　代金は、みかん５この　代金より　１６０円高かった　そうです。りんご１こ、みかん１こは　それぞれ　何円ですか。

（式）

答え　（りんご…　　　　みかん…　　　　）

2

けしゴムを　５こと、えんぴつを　６本　買うと、３７０円でした。また、けしゴム５この　代金は、えんぴつ６本の　代金より　１３０円　高かった　そうです。けしゴム１こ、えんぴつ１本は　それぞれ　何円ですか。

（式）

答え　（けしゴム…　　　　えんぴつ…　　　　）

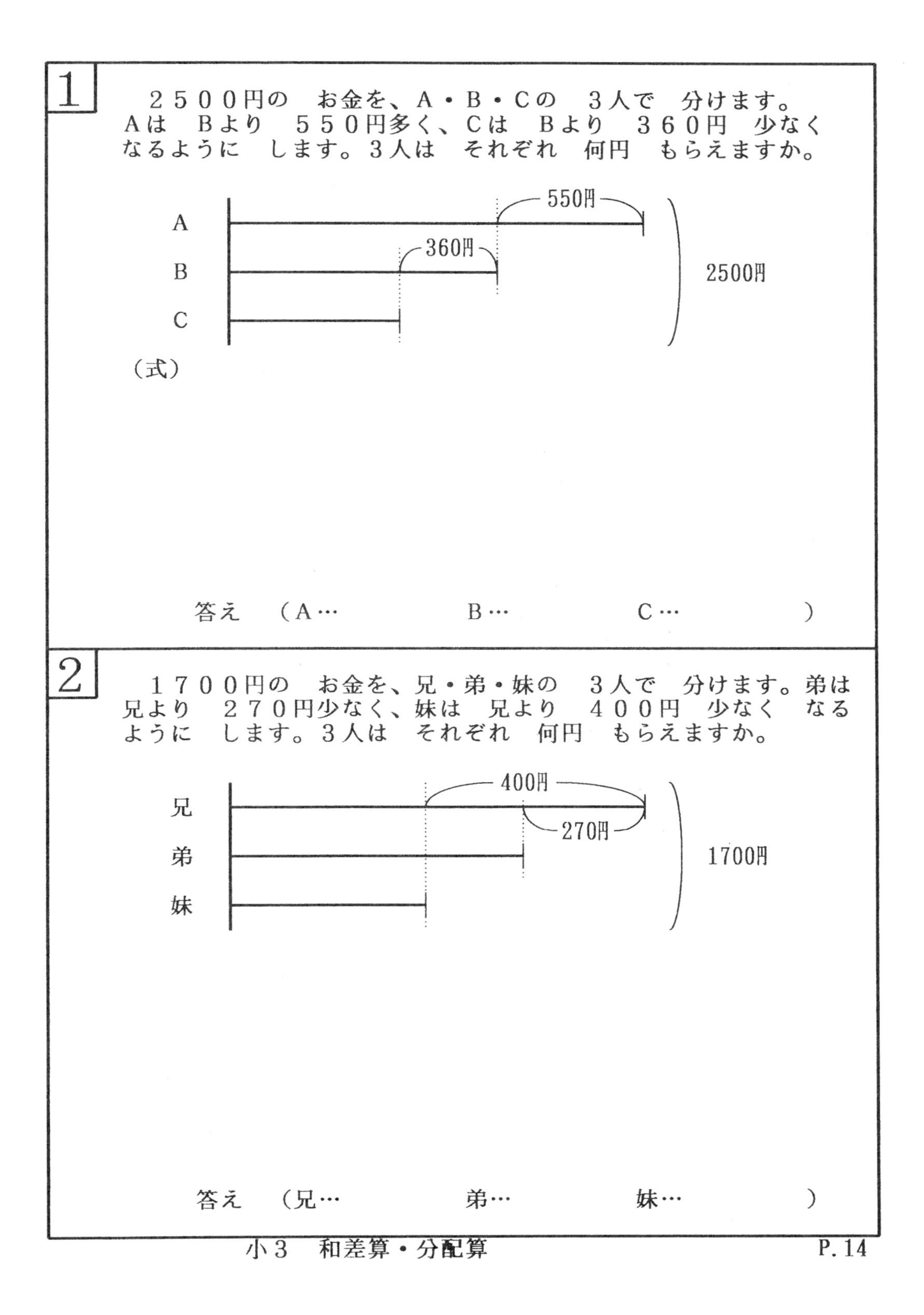

1

２５００円の　お金を、Ａ・Ｂ・Ｃの　３人で　分けます。Ａは　Ｂより　５５０円多く、Ｃは　Ｂより　３６０円　少なくなるように　します。３人は　それぞれ　何円　もらえますか。

（式）

答え　（Ａ…　　　　Ｂ…　　　　Ｃ…　　　　）

2

１７００円の　お金を、兄・弟・妹の　３人で　分けます。弟は兄より　２７０円少なく、妹は　兄より　４００円　少なく　なるように　します。３人は　それぞれ　何円　もらえますか。

答え　（兄…　　　　弟…　　　　妹…　　　　）

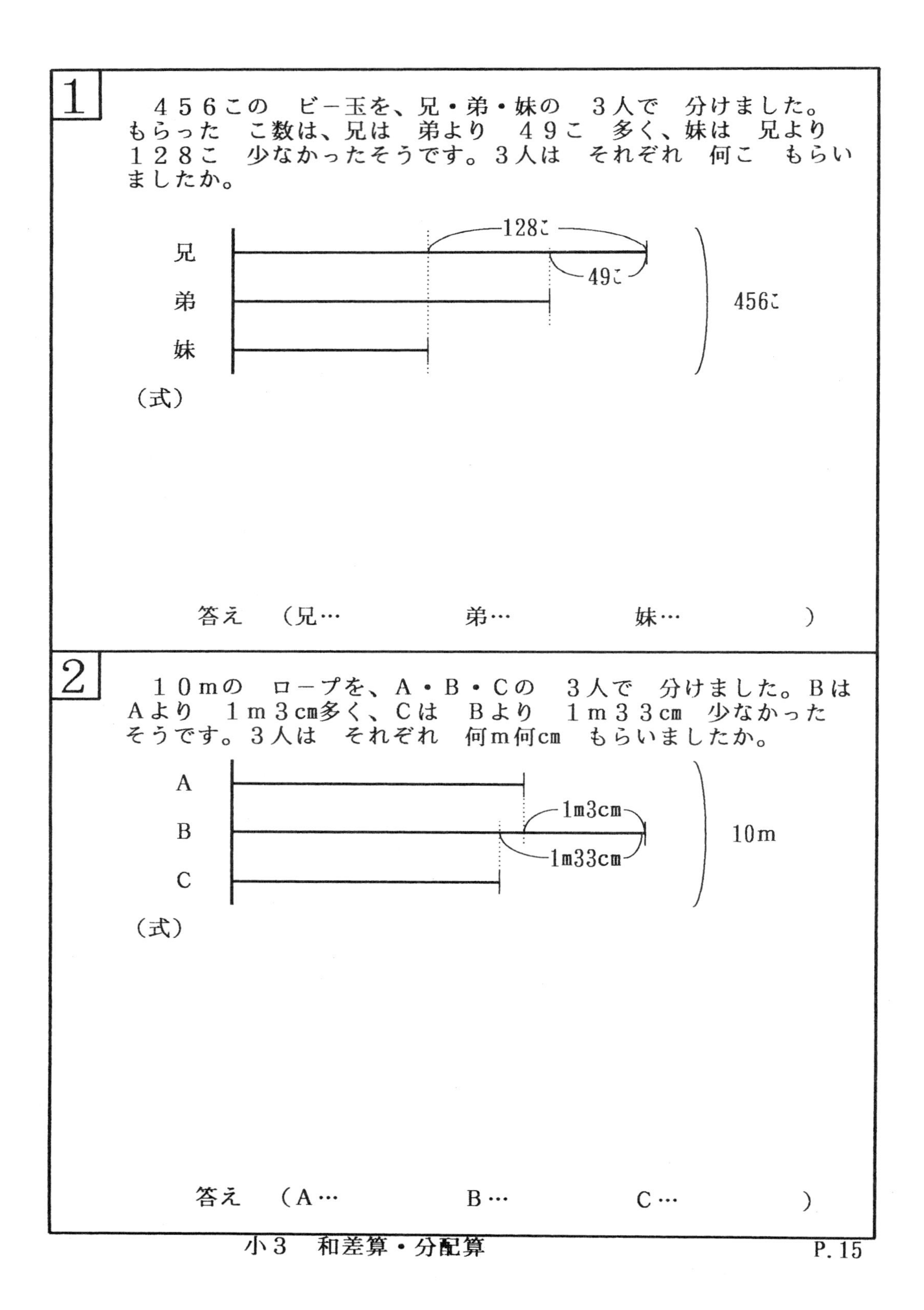

1

４５６この　ビー玉を、兄・弟・妹の　３人で　分けました。もらった　こ数は、兄は　弟より　４９こ　多く、妹は　兄より　１２８こ　少なかったそうです。３人は　それぞれ　何こ　もらいましたか。

（式）

答え　（兄…　　　　弟…　　　　妹…　　　　）

2

１０ｍの　ロープを、Ａ・Ｂ・Ｃの　３人で　分けました。Ｂは　Ａより　１ｍ３cm多く、Ｃは　Ｂより　１ｍ３３cm　少なかったそうです。３人は　それぞれ　何ｍ何cm　もらいましたか。

（式）

答え　（Ａ…　　　　Ｂ…　　　　Ｃ…　　　　）

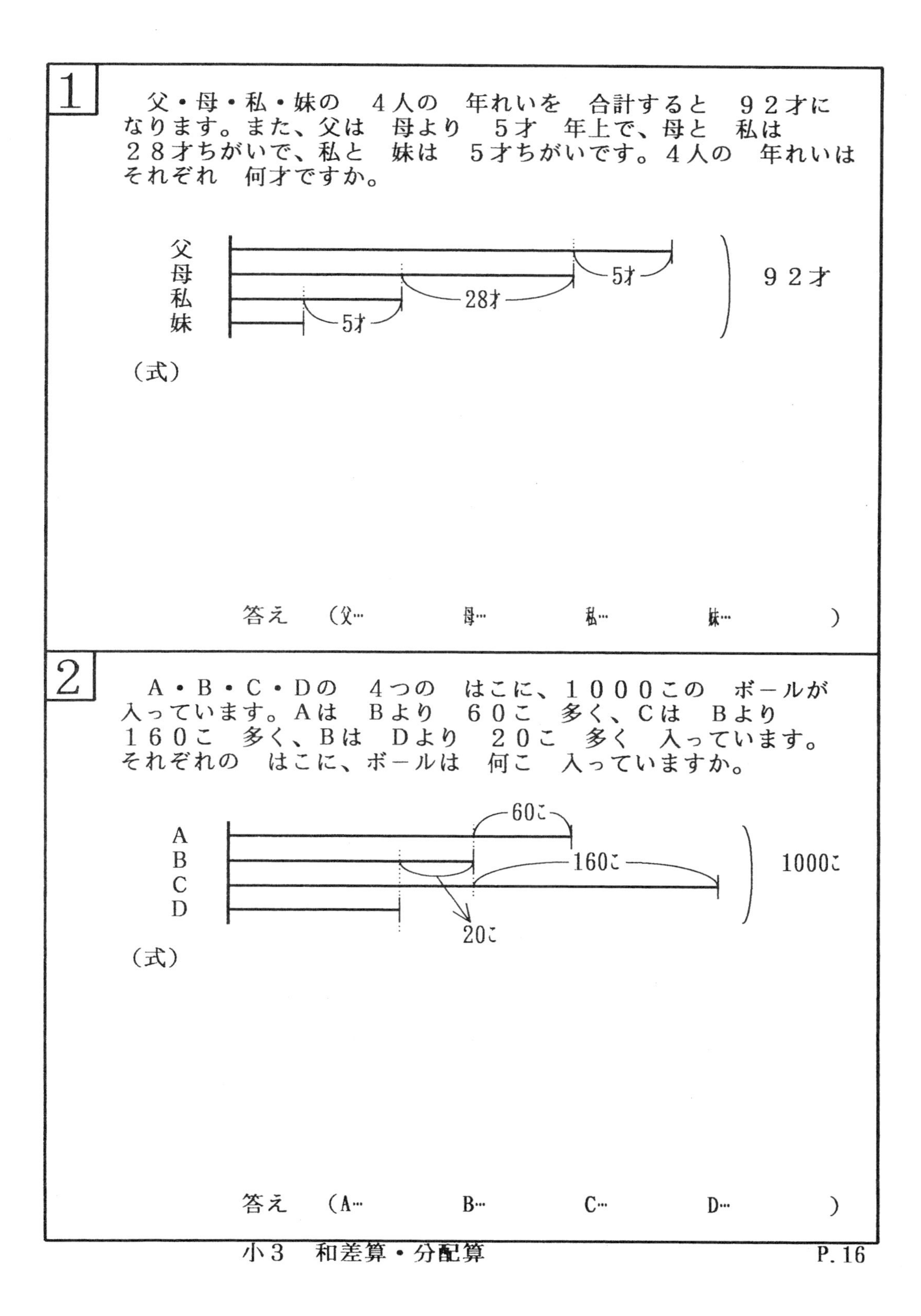

1

父・母・私・妹の　４人の　年れいを　合計すると　９２才に なります。また、父は　母より　５才　年上で、母と　私は ２８才ちがいで、私と　妹は　５才ちがいです。４人の　年れいは それぞれ　何才ですか。

（式）

答え　（父…　　母…　　私…　　妹…　　）

2

Ａ・Ｂ・Ｃ・Ｄの　４つの　はこに、１０００この　ボールが 入っています。Ａは　Ｂより　６０こ　多く、Ｃは　Ｂより １６０こ　多く、Ｂは　Ｄより　２０こ　多く　入っています。 それぞれの　はこに、ボールは　何こ　入っていますか。

（式）

答え　（A…　　B…　　C…　　D…　　）

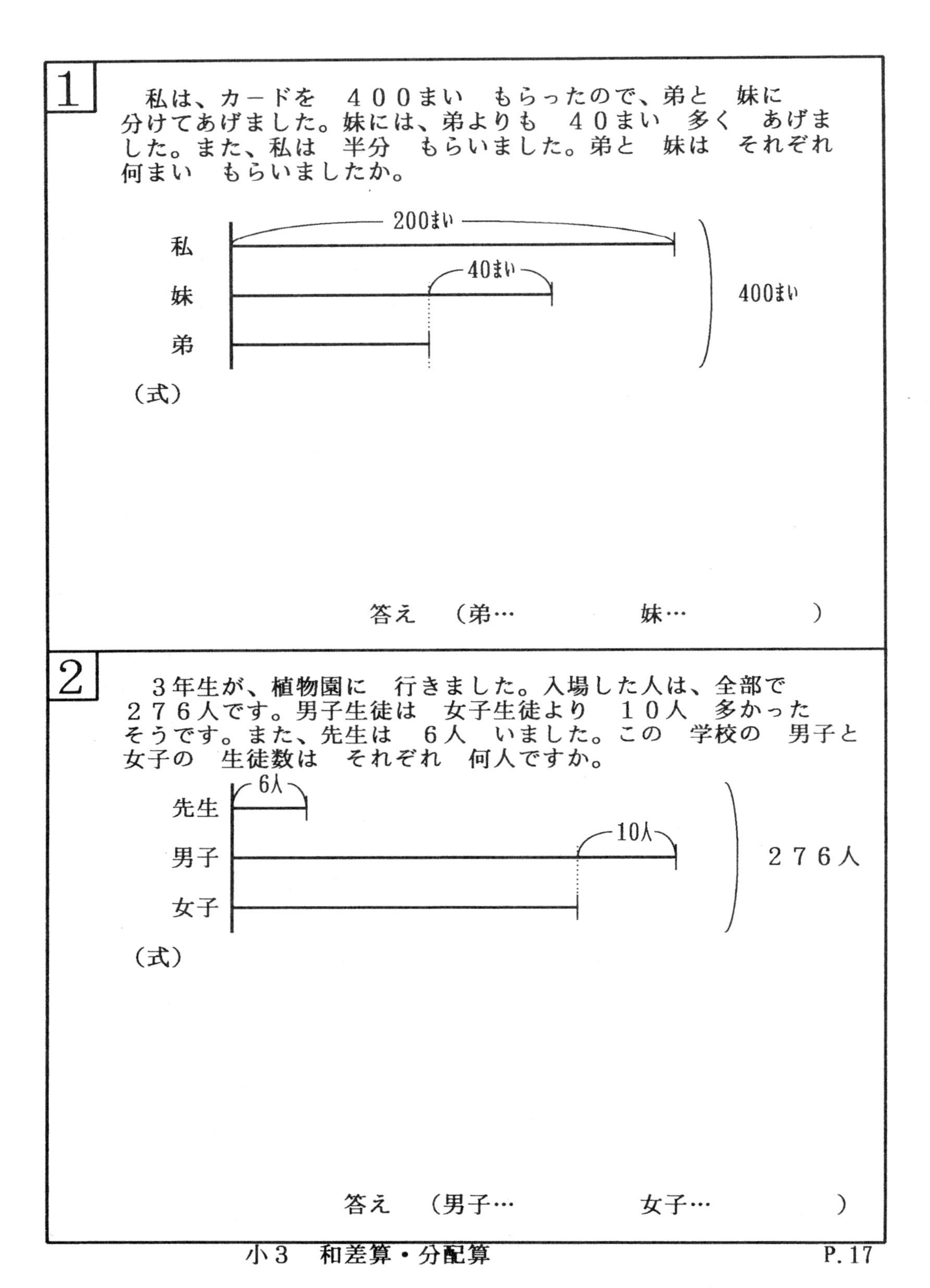

1

私は、カードを　４００まい　もらったので、弟と　妹に分けてあげました。妹には、弟よりも　４０まい　多く　あげました。また、私は　半分　もらいました。弟と　妹は　それぞれ何まい　もらいましたか。

（式）

答え　（弟…　　　　　妹…　　　　　）

2

３年生が、植物園に　行きました。入場した人は、全部で２７６人です。男子生徒は　女子生徒より　１０人　多かったそうです。また、先生は　６人　いました。この　学校の　男子と女子の　生徒数は　それぞれ　何人ですか。

（式）

答え　（男子…　　　　　女子…　　　　　）

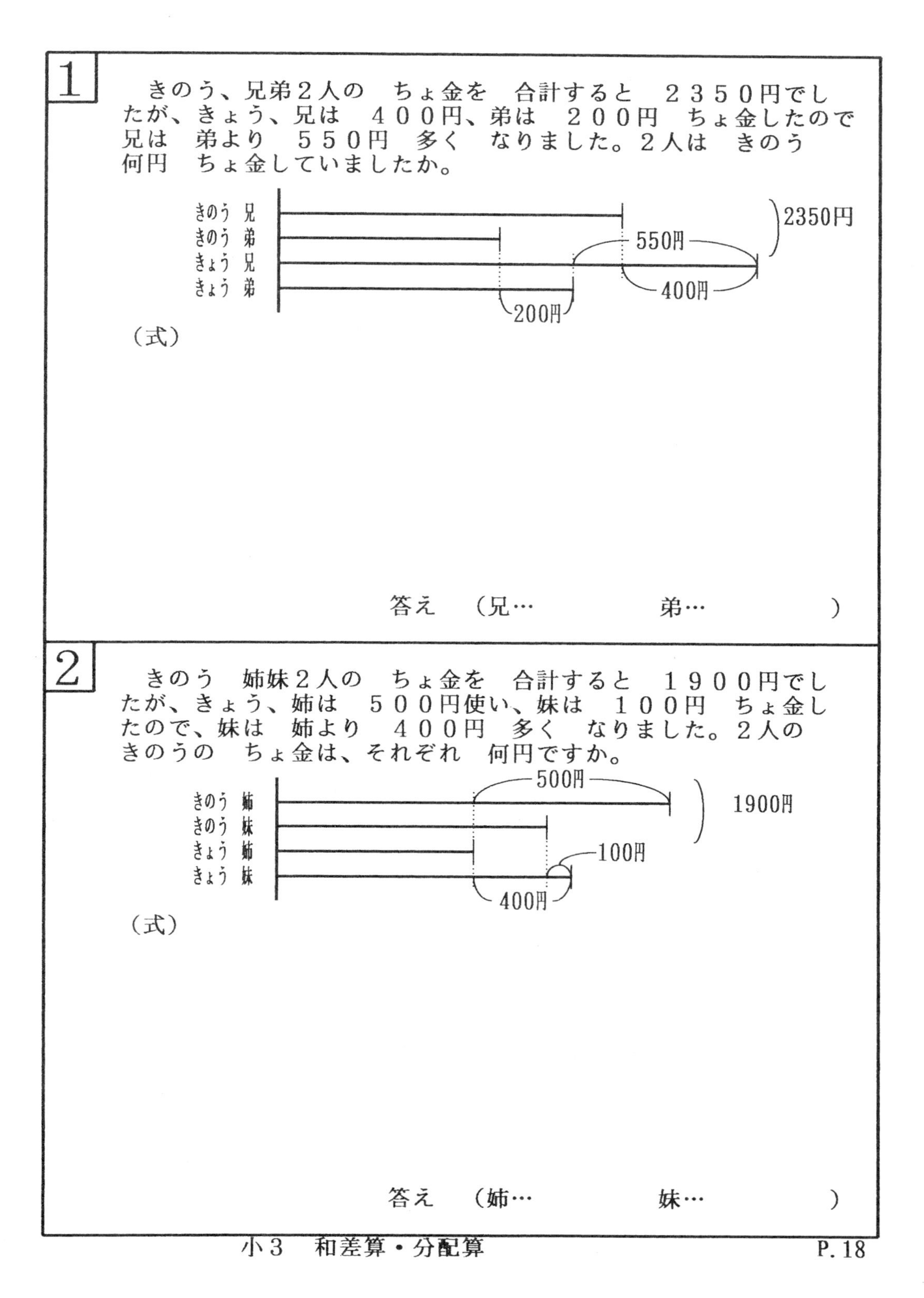

1

きのう、兄弟２人の　ちょ金を　合計すると　２３５０円でしたが、きょう、兄は　４００円、弟は　２００円　ちょ金したので兄は　弟より　５５０円　多く　なりました。２人は　きのう何円　ちょ金していましたか。

（式）

答え　（兄…　　　　　　弟…　　　　　　）

2

きのう　姉妹２人の　ちょ金を　合計すると　１９００円でしたが、きょう、姉は　５００円使い、妹は　１００円　ちょ金したので、妹は　姉より　４００円　多く　なりました。２人のきのうの　ちょ金は、それぞれ　何円ですか。

（式）

答え　（姉…　　　　　　妹…　　　　　　）

1 線分図を　見て、（　　）に　あてはまる　数を　もとめなさい。

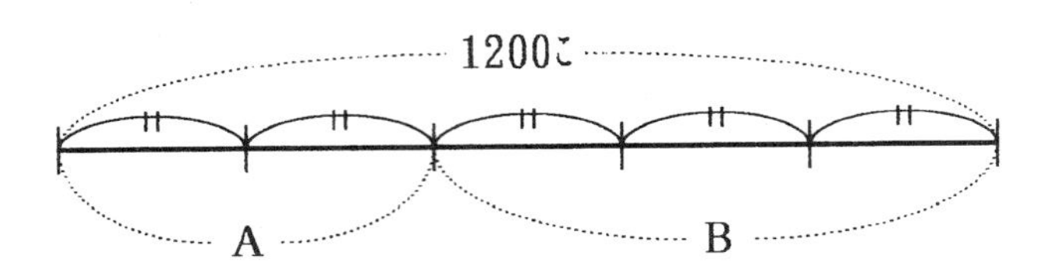

A…（　　　　　　こ）
B…（　　　　　　こ）

2 線分図を　見て、（　　）に　あてはまる　数を　もとめなさい。

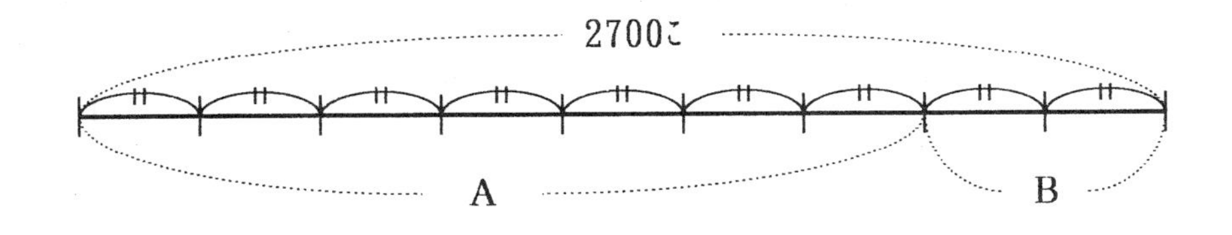

A…（　　　　　　こ）
B…（　　　　　　こ）

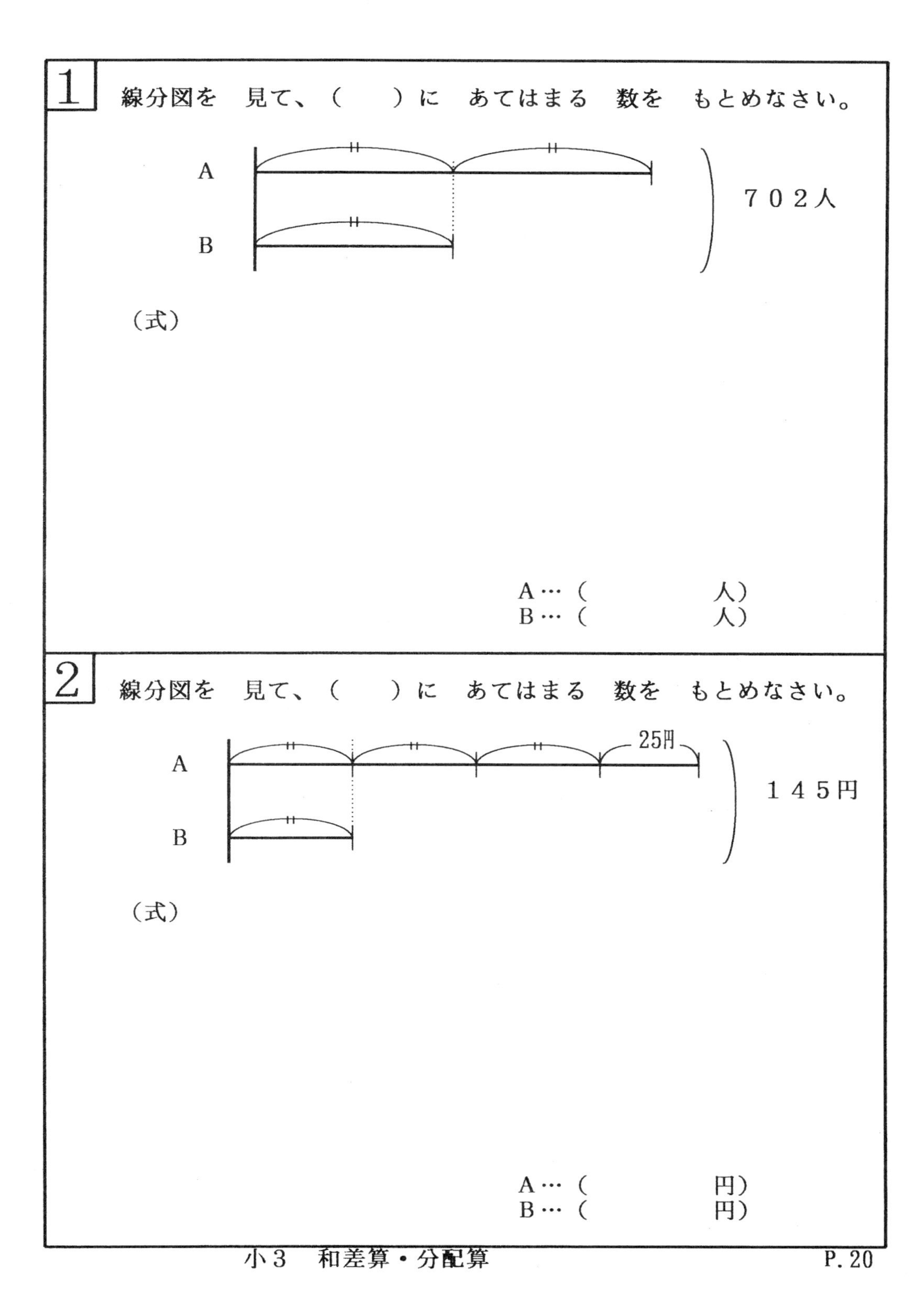

1 線分図を　見て、（　　）に　あてはまる　数を　もとめなさい。

（式）

A…（　　　　　　人）
B…（　　　　　　人）

2 線分図を　見て、（　　）に　あてはまる　数を　もとめなさい。

（式）

A…（　　　　　　円）
B…（　　　　　　円）

1 線分図を　見て、（　　）に　あてはまる　数を　もとめなさい。

A
B
7才
88才

（式）

A…（　　　　　才）
B…（　　　　　才）

2 線分図を　見て、（　　）に　あてはまる　数を　もとめなさい。

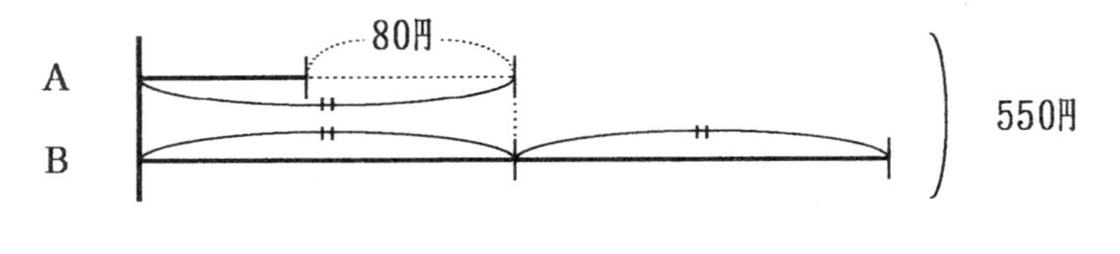

（式）

A…（　　　　　円）
B…（　　　　　円）

1　線分図を　見て、（　　）に　あてはまる　数を　もとめなさい。

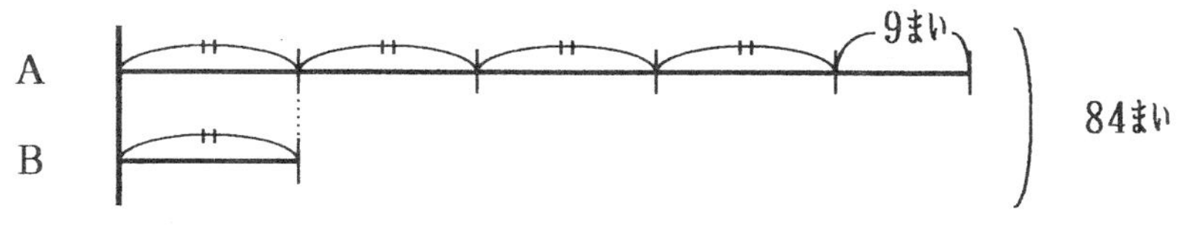

（式）

A…（　　　　　まい）
B…（　　　　　まい）

2　線分図を　見て、（　　）に　あてはまる　数を　もとめなさい。

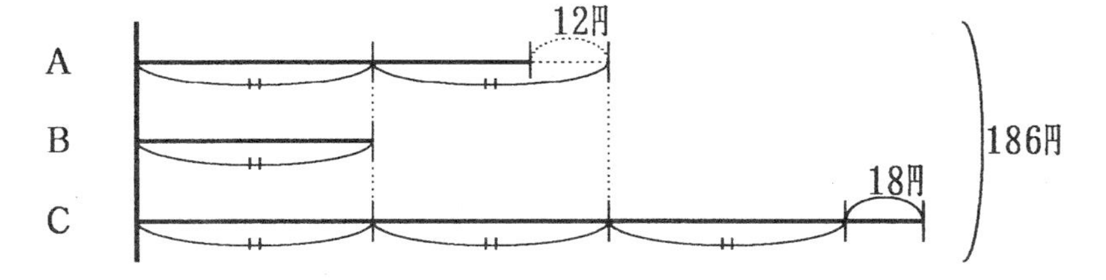

A…（　　　　　円）
B…（　　　　　円）
C…（　　　　　円）

1 次の　問題を　線分図で　あらわしなさい。

２０００円の　お金を、兄と　弟の　２人で　分けます。兄は　弟の　3倍　もらいます。

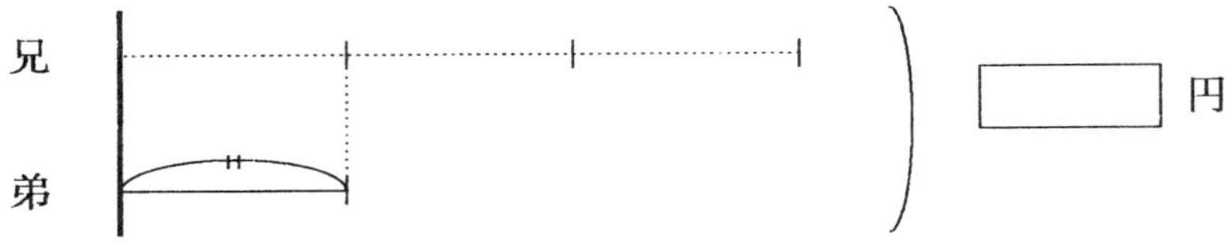

兄

弟

円

2 次の　問題を　線分図で　あらわしなさい。

Ａと　Ｂの　ちょ金を　合わせると、４２００円です。また、Ｂの　ちょ金は　Ａの　ちょ金の　５倍です。

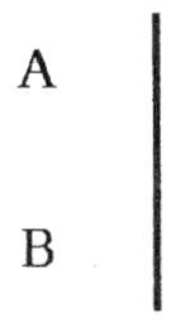

A

B

3 次の　問題を　線分図で　あらわしなさい。

５００まいの　色紙を、兄と　妹の　２人で　分けました。兄は　妹の　３倍よりも　２０まい　多く　もらいました。

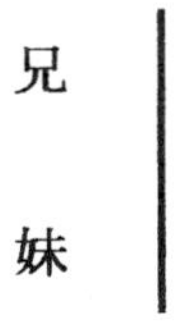

兄

妹

1　次の　問題を　線分図で　あらわしなさい。

　にくまんと　あんまんが　合わせて　１１７こ　あります。また、あんまんの　数は、にくまんの　数の　２倍より　３こ　少ないです。

にくまん

あんまん

2　次の　問題を　線分図で　あらわしなさい。

　５００まいの　カードを　姉・弟・妹の　３人で　分けました。姉は　弟の　３倍より　３０まい　多く　もらいました。また、妹が　もらったのは、弟の　２倍よりも　７０まい　少なかったそうです。

姉

弟

妹

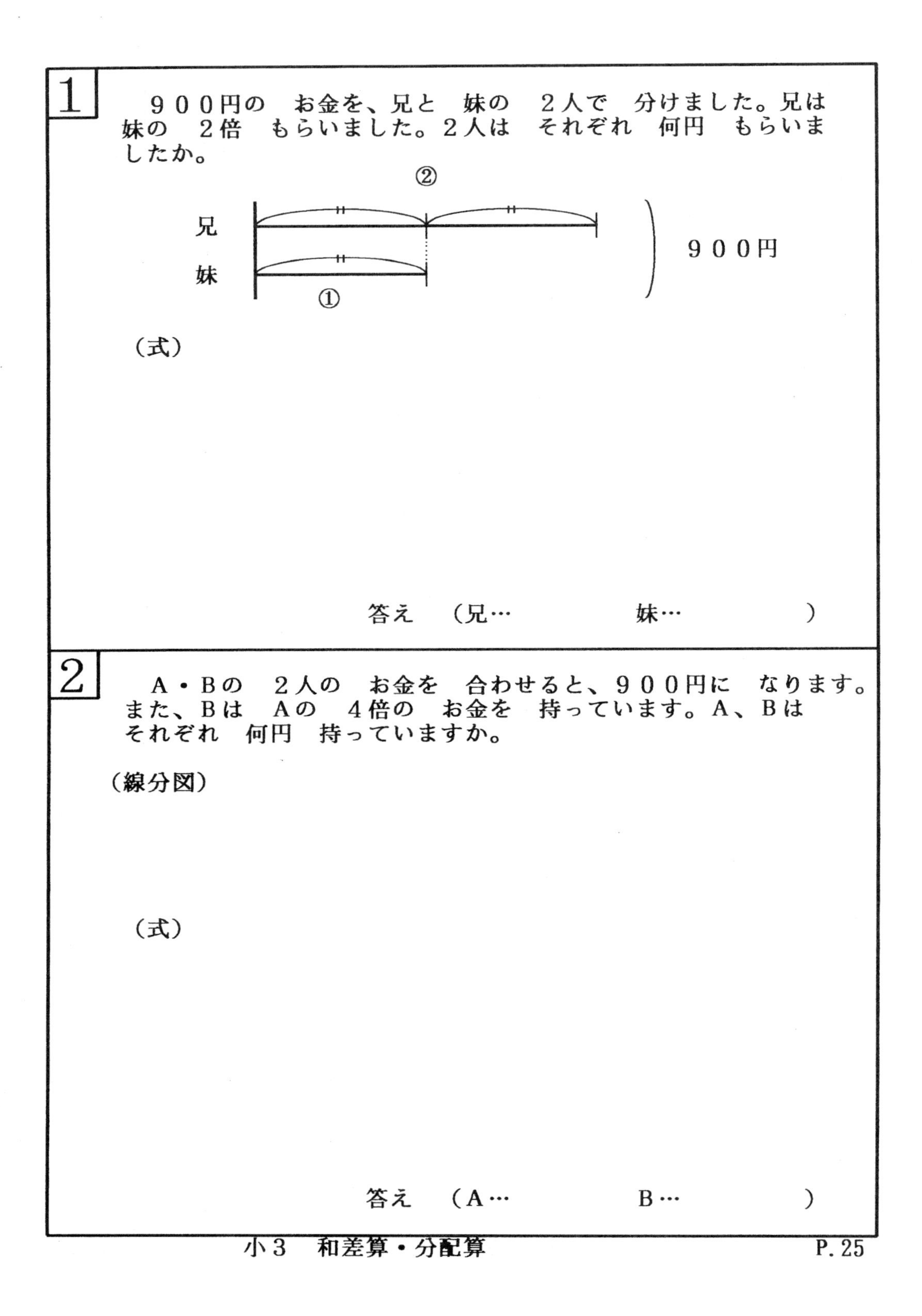

1

９００円の　お金を、兄と　妹の　２人で　分けました。兄は妹の　２倍　もらいました。２人は　それぞれ　何円　もらいましたか。

（式）

答え　（兄…　　　　　　妹…　　　　　　）

2

Ａ・Ｂの　２人の　お金を　合わせると、９００円に　なります。また、Ｂは　Ａの　４倍の　お金を　持っています。Ａ、Ｂは　それぞれ　何円　持っていますか。

（線分図）

（式）

答え　（Ａ…　　　　　　Ｂ…　　　　　　）

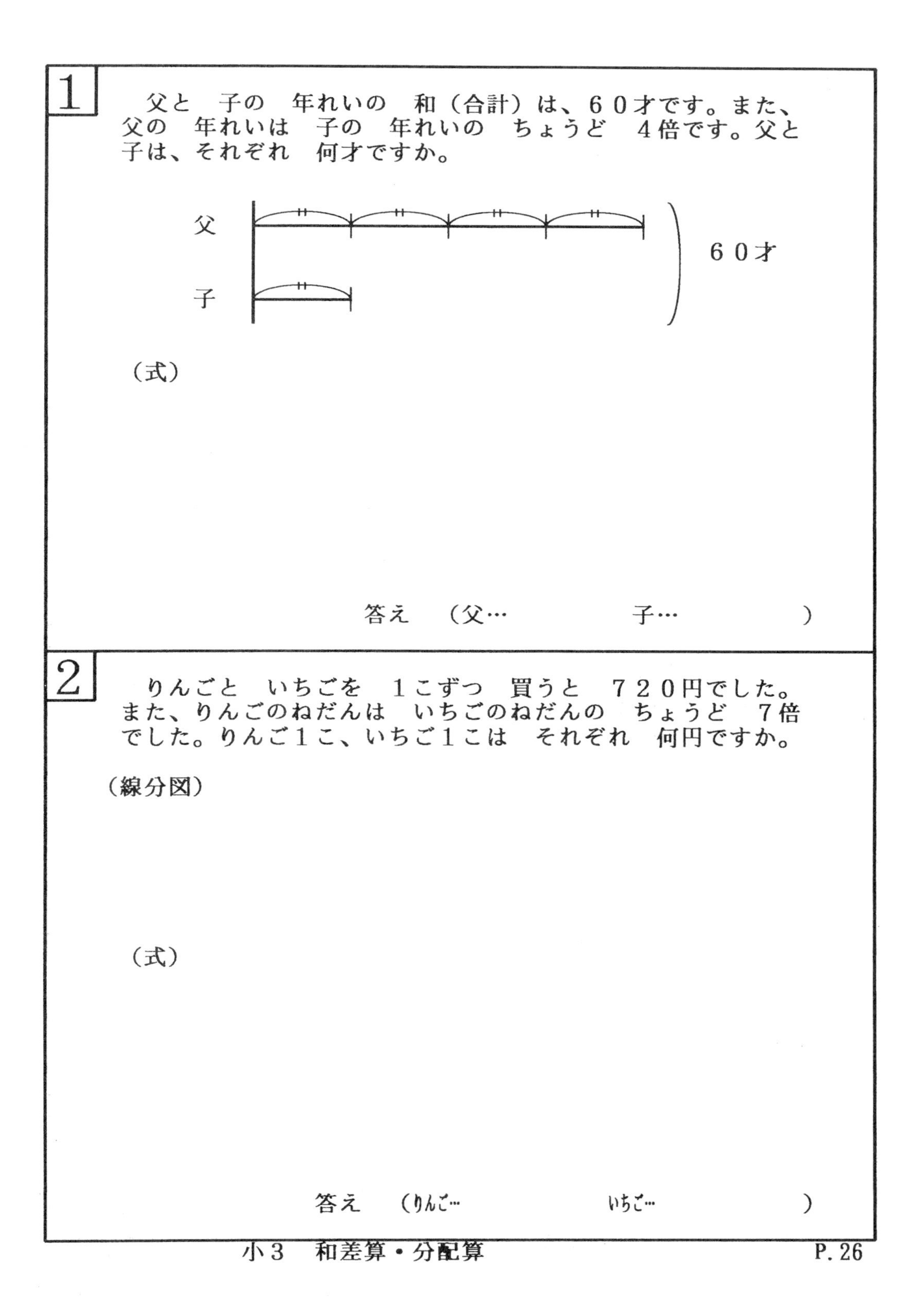

1

父と　子の　年れいの　和（合計）は、６０才です。また、父の　年れいは　子の　年れいの　ちょうど　４倍です。父と子は、それぞれ　何才ですか。

（式）

答え　（父…　　　　子…　　　　）

2

りんごと　いちごを　１こずつ　買うと　７２０円でした。また、りんごのねだんは　いちごのねだんの　ちょうど　７倍でした。りんご１こ、いちご１こは　それぞれ　何円ですか。

（線分図）

（式）

答え　（りんご…　　　　いちご…　　　　）

1

７２０この　おはじきを、Ａ・Ｂ・Ｃの　３人で　分けます。Ｂは　Ａの　２倍、Ｃは　Ａの　３倍　もらいます。３人は　それぞれ　何こ　もらえますか。

（線分図）

（式）

答え　（Ａ…　　　　Ｂ…　　　　Ｃ…　　　　）

2

１年生・２年生・３年生が　合わせて　３６０人　集まりました。１年生は　３年生の　２倍、２年生は　３年生の　３倍　集まりました。１年生・２年生・３年生は　それぞれ　何人　集まりましたか。

（線分図）

（式）

答え　（1年生…　　　　2年生…　　　　3年生…　　　　）

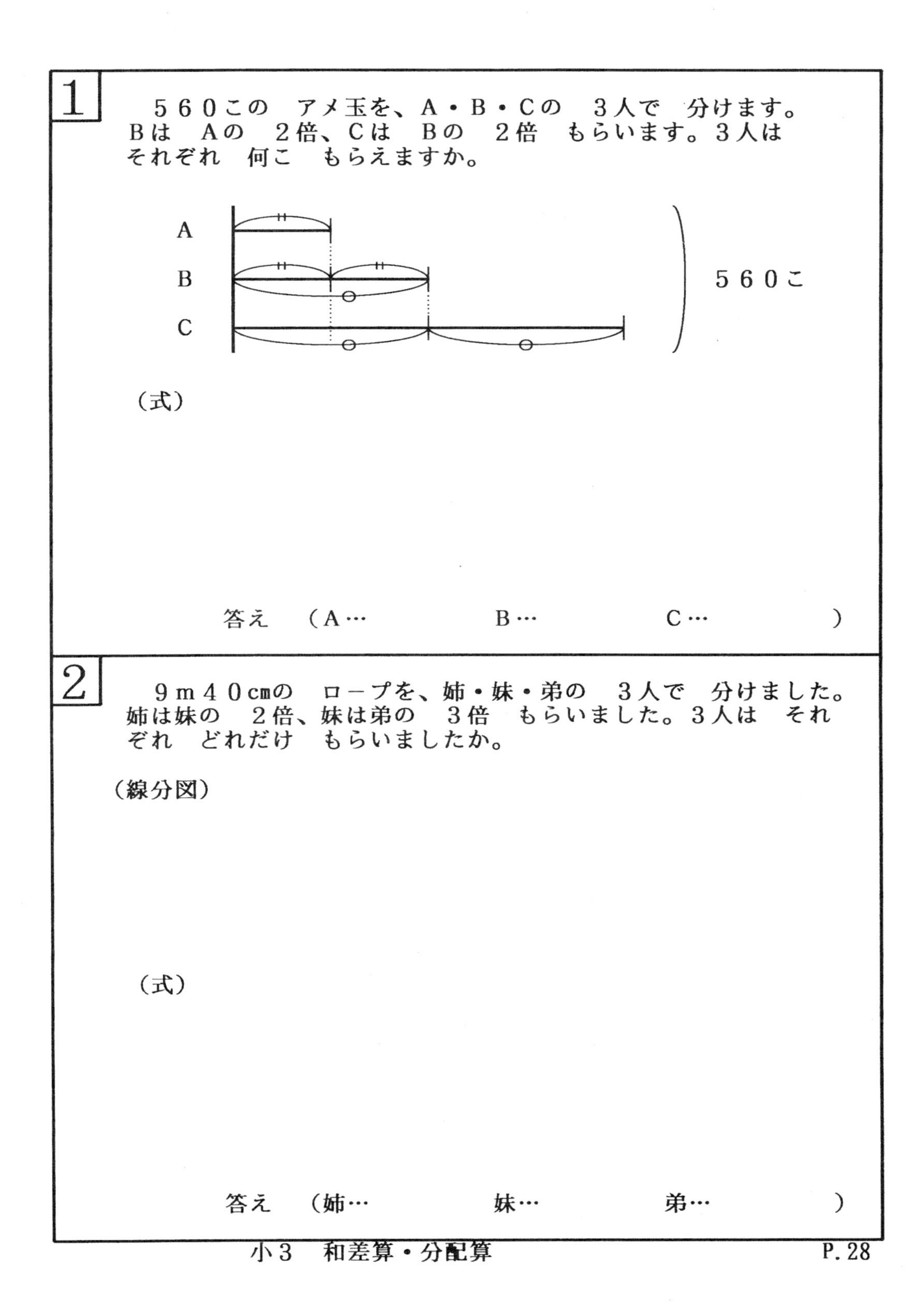

1

５６０この　アメ玉を、Ａ・Ｂ・Ｃの　３人で　分けます。Ｂは　Ａの　２倍、Ｃは　Ｂの　２倍　もらいます。３人は　それぞれ　何こ　もらえますか。

（式）

答え　（Ａ…　　　Ｂ…　　　Ｃ…　　　）

2

９ｍ４０㎝の　ロープを、姉・妹・弟の　３人で　分けました。姉は妹の　２倍、妹は弟の　３倍　もらいました。３人は　それぞれ　どれだけ　もらいましたか。

（線分図）

（式）

答え　（姉…　　　妹…　　　弟…　　　）

1

いぬと　ねこが　合わせて　１３６ひき　います。また、いぬは　ねこの　２倍よりも　１６ひき　多くいます。いぬ、ねこは　それぞれ　何びき　いますか。

いぬ
ねこ
16ひき
136ひき

（式）

答え　（いぬ…　　　　　ねこ…　　　　　）

2

７５０円の　お金を、姉妹２人で　分けます。姉は　妹の　２倍よりも　１５０円　多く　もらいます。２人は　それぞれ　何円　もらえますか。

（線分図）

（式）

答え　（姉…　　　　　妹…　　　　　）

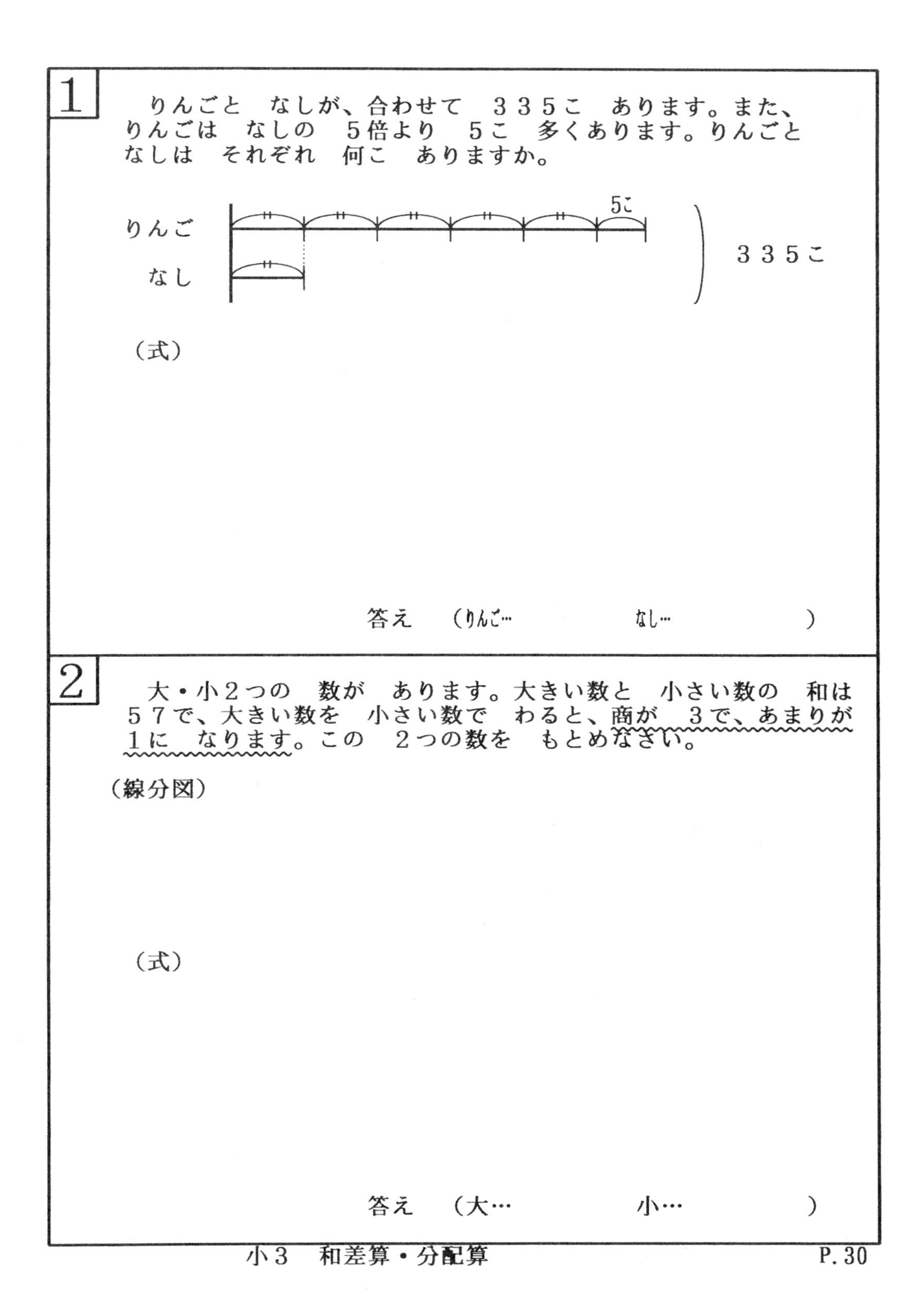
1
りんごと　なしが、合わせて　３３５こ　あります。また、りんごは　なしの　５倍より　５こ　多くあります。りんごと　なしは　それぞれ　何こ　ありますか。
5こ
りんご
なし
３３５こ
（式）
答え　（りんご…　なし…　）
2
大・小２つの　数が　あります。大きい数と　小さい数の　和は５７で、大きい数を　小さい数で　わると、商が　３で、あまりが１に　なります。この　２つの数を　もとめなさい。
（線分図）
（式）
答え　（大…　小…　）

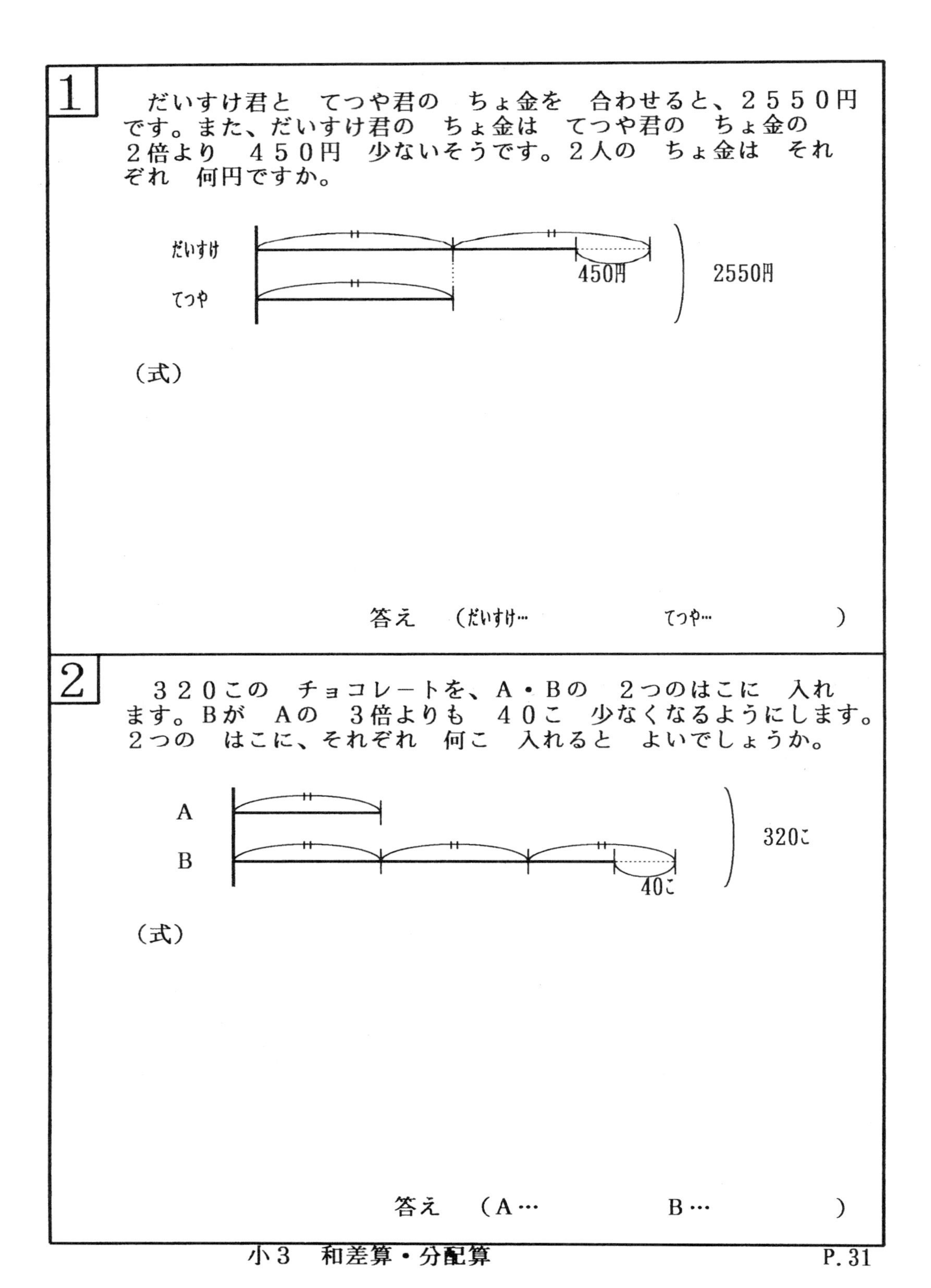

1

だいすけ君と　てつや君の　ちょ金を　合わせると、２５５０円です。また、だいすけ君の　ちょ金は　てつや君の　ちょ金の２倍より　４５０円　少ないそうです。２人の　ちょ金は　それぞれ　何円ですか。

（式）

答え　（だいすけ…　　　　てつや…　　　　）

2

３２０この　チョコレートを、Ａ・Ｂの　２つのはこに　入れます。Ｂが　Ａの　３倍よりも　４０こ　少なくなるようにします。２つの　はこに、それぞれ　何こ　入れると　よいでしょうか。

（式）

答え　（Ａ…　　　　Ｂ…　　　　）

1

大・小２つの　数が　あります。２つの　数の　和は　８７１で、大は　小の　３倍よりも　５小さいです。２つの　数は、それぞれいくつですか。

大
5
871
小

（式）

答え　（大…　　　　小…　　　　）

2

４２ℓ ５dℓの　水を、A・B２つの　バケツに　分けて　入れます。Bが　Aの　４倍よりも　２ℓ ５dℓ　少なくなるようにします。A・Bの　バケツに　それぞれ　何ℓ 何dℓ　入れるとよいでしょうか。

（線分図）

（式）

答え　（A…　　　　B…　　　　）

1

３２５０円の　お金を、妹・弟・私の　３人で　分けます。妹は弟の　２倍、私は　弟の　２倍よりも　４５０円　多くもらいます。３人はそれぞれ　何円　もらえますか。

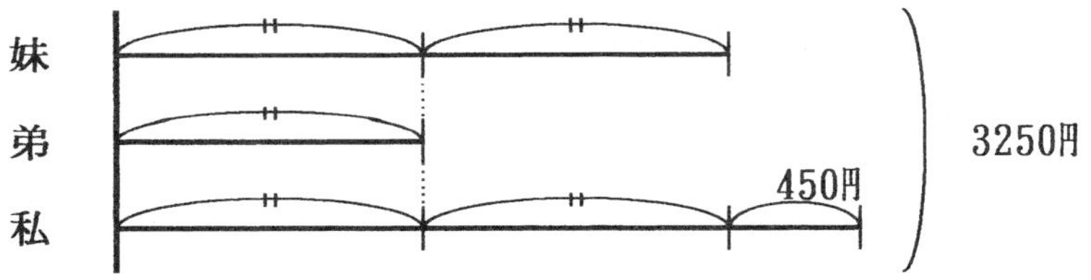

妹
弟
私
450円
3250円

（式）

答え　（妹…　　　　弟…　　　　私…　　　　）

2

Ａ・Ｂ・Ｃの　３つの　数が　あります。Ａは　Ｂの　４倍よりも　１２小さく　Ｃは　Ｂの　５倍よりも　３８大きいです。また、３つの　数の　合計は　６８６です。３つの　数は、それぞれ　いくつですか。

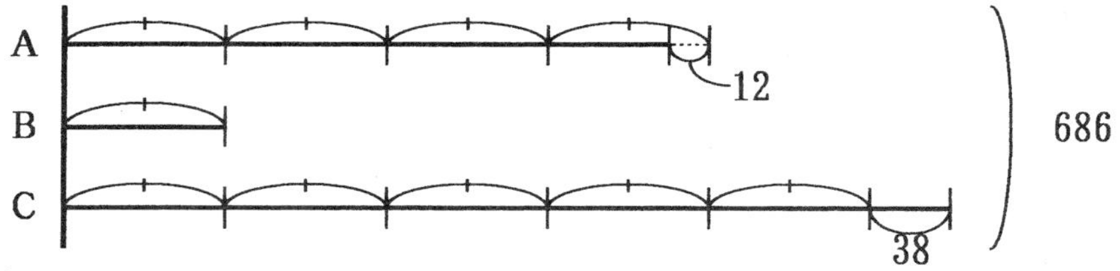

A
B
C
12
38
686

（式）

答え　（Ａ…　　　　Ｂ…　　　　Ｃ…　　　　）

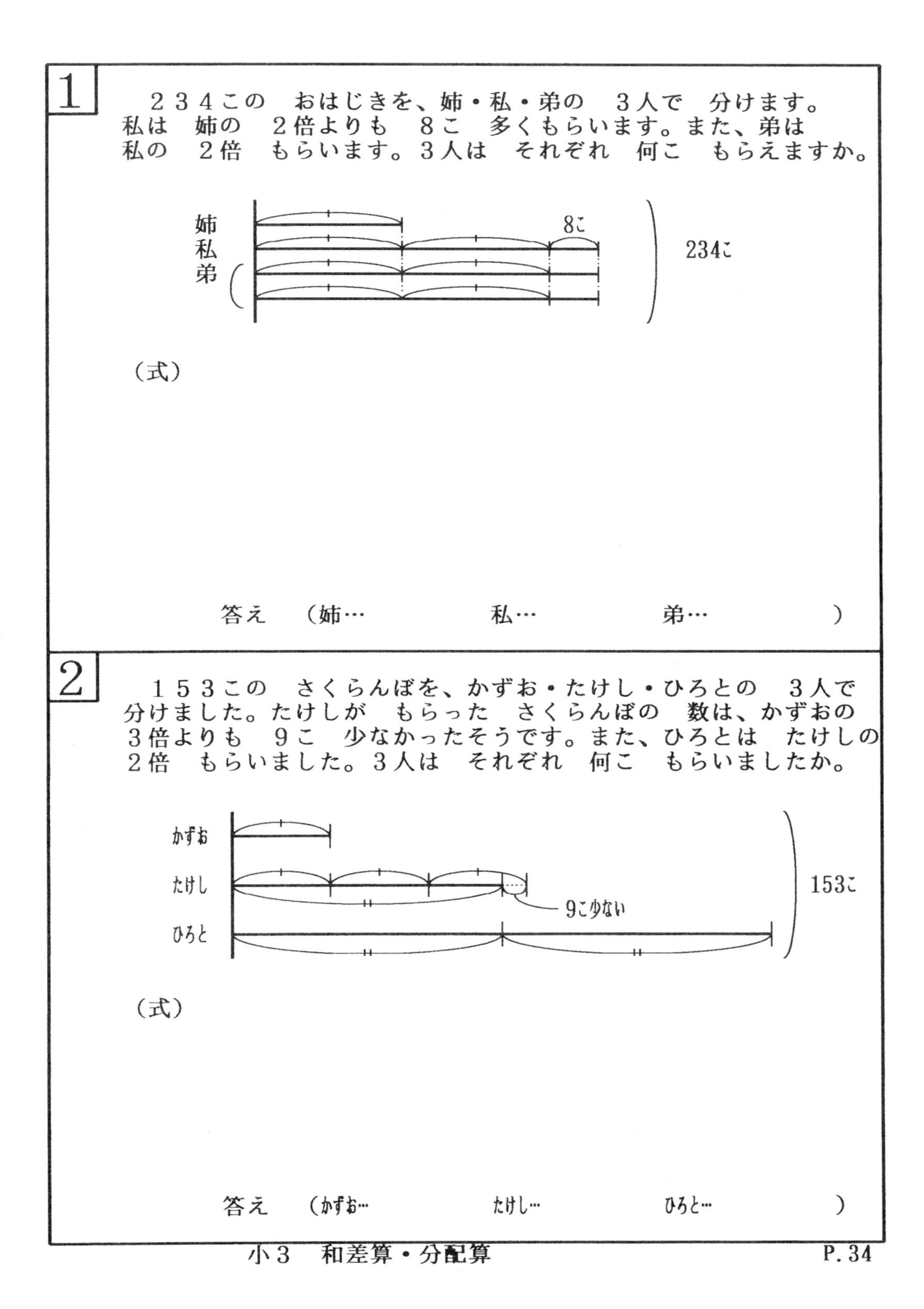

1

２３４この　おはじきを、姉・私・弟の　３人で　分けます。私は　姉の　２倍よりも　８こ　多くもらいます。また、弟は　私の　２倍　もらいます。３人は　それぞれ　何こ　もらえますか。

（式）

答え　（姉…　　　　私…　　　　弟…　　　　）

2

１５３この　さくらんぼを、かずお・たけし・ひろとの　３人で　分けました。たけしが　もらった　さくらんぼの　数は、かずおの　３倍よりも　９こ　少なかったそうです。また、ひろとは　たけしの　２倍　もらいました。３人は　それぞれ　何こ　もらいましたか。

（式）

答え　（かずお…　　　　たけし…　　　　ひろと…　　　　）

1

たかし君は　さとる君の　３倍の　お金を　持っています。また、たかし君は　さとる君より　８００円　多く　持っています。２人は　それぞれ　何円　持っていますか。

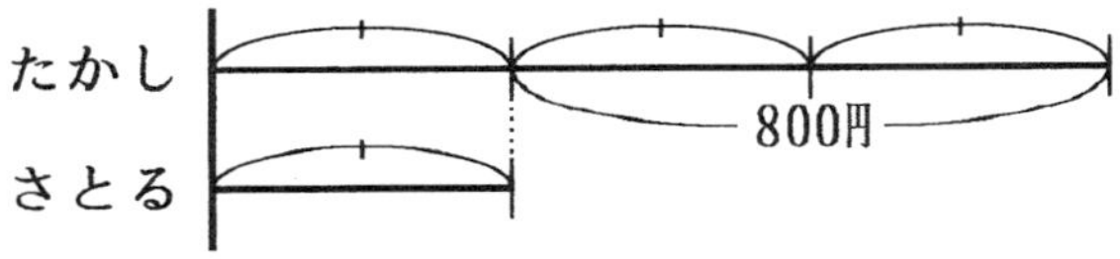

たかし
800円
さとる

（式）

答え　（たかし…　　　　　さとる…　　　　　）

2

大・小　２つの　数が　あります。その　２つの　数の　差（ちがい）は　１００で、大は　小の　ちょうど　６倍です。大・小　２つの　数は、　それぞれ　いくつですか。

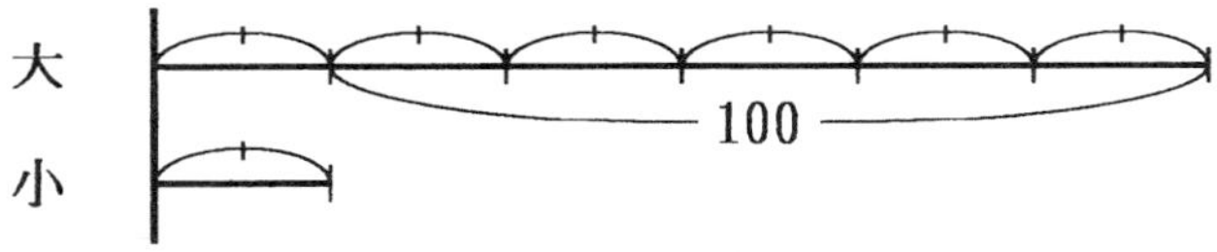

大
100
小

（式）

答え　（大…　　　　　小…　　　　　）

1

兄と　弟が　持っている　お金の　差は　４００円で、兄は
弟の　２倍より　２０円　多く　持っています。２人は　それ
ぞれ　何円　持っていますか。

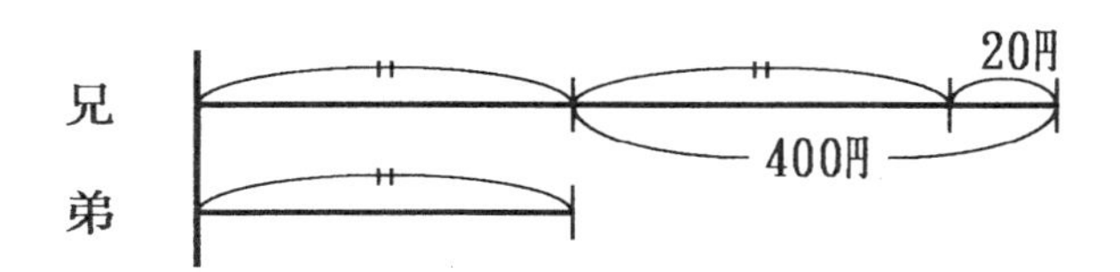

（式）

答え　（兄…　　　　　　弟…　　　　　　）

2

鉛筆を　たくさん　もらったので、兄と弟の　２人で　分けま
した。兄は　弟より　６５本　多く　もらいました。また、兄が
もらった　本数は、弟の　３倍より　１５本　多かったそうです。
２人は　それぞれ　何本　もらいましたか。

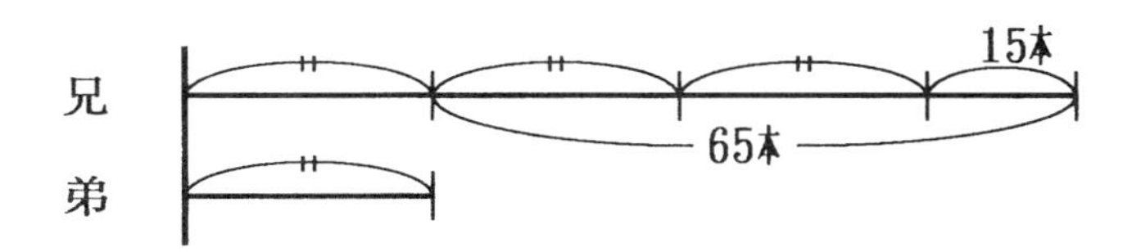

（式）

答え　（兄…　　　　　　弟…　　　　　　）

1

　大・小　２つの　数が　あります。その　２つの　数の　差は３２で、大は　小の　３倍よりも　８小さいです。２つの　数は、それぞれ　いくつですか。

大
小
32
8

（式）

答え　（大…　　　　　　小…　　　　　　）

2

　だいすけ君の　ちょ金は、よういち君の　３倍より　１２００円少ないです。また、だいすけ君の　ちょ金は、よういち君の　ちょ金より　２８００円　多いそうです。２人の　ちょ金は　それぞれ何円ですか。

（線分図）

（式）

答え　（だいすけ…　　　　　　よういち…　　　　　　）

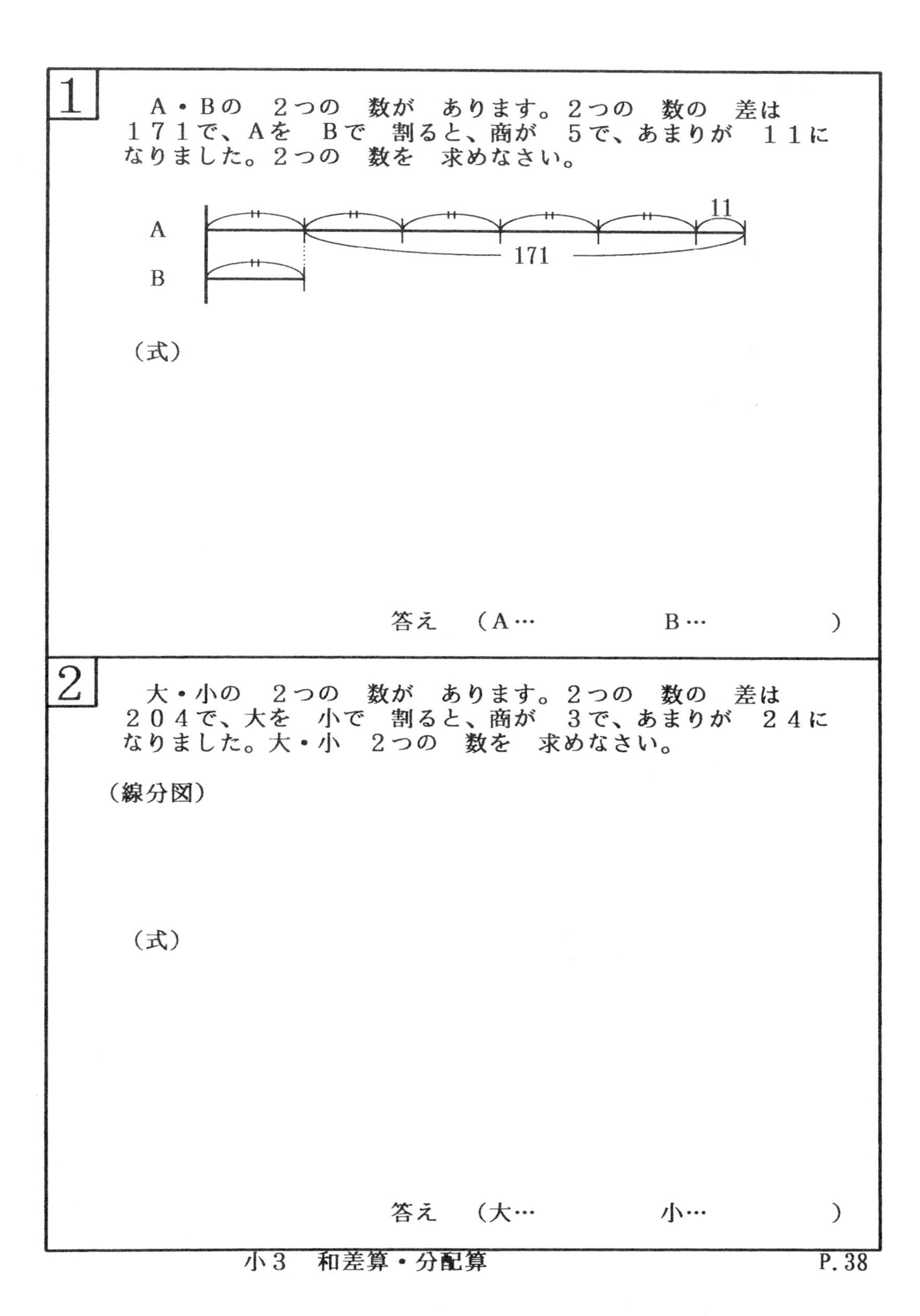

1

Ａ・Ｂの　２つの　数が　あります。２つの　数の　差は　１７１で、Ａを　Ｂで　割ると、商が　５で、あまりが　１１になりました。２つの　数を　求めなさい。

（式）

答え　（Ａ…　　　　　Ｂ…　　　　　）

2

大・小の　２つの　数が　あります。２つの　数の　差は　２０４で、大を　小で　割ると、商が　３で、あまりが　２４になりました。大・小　２つの　数を　求めなさい。

（線分図）

（式）

答え　（大…　　　　　小…　　　　　）

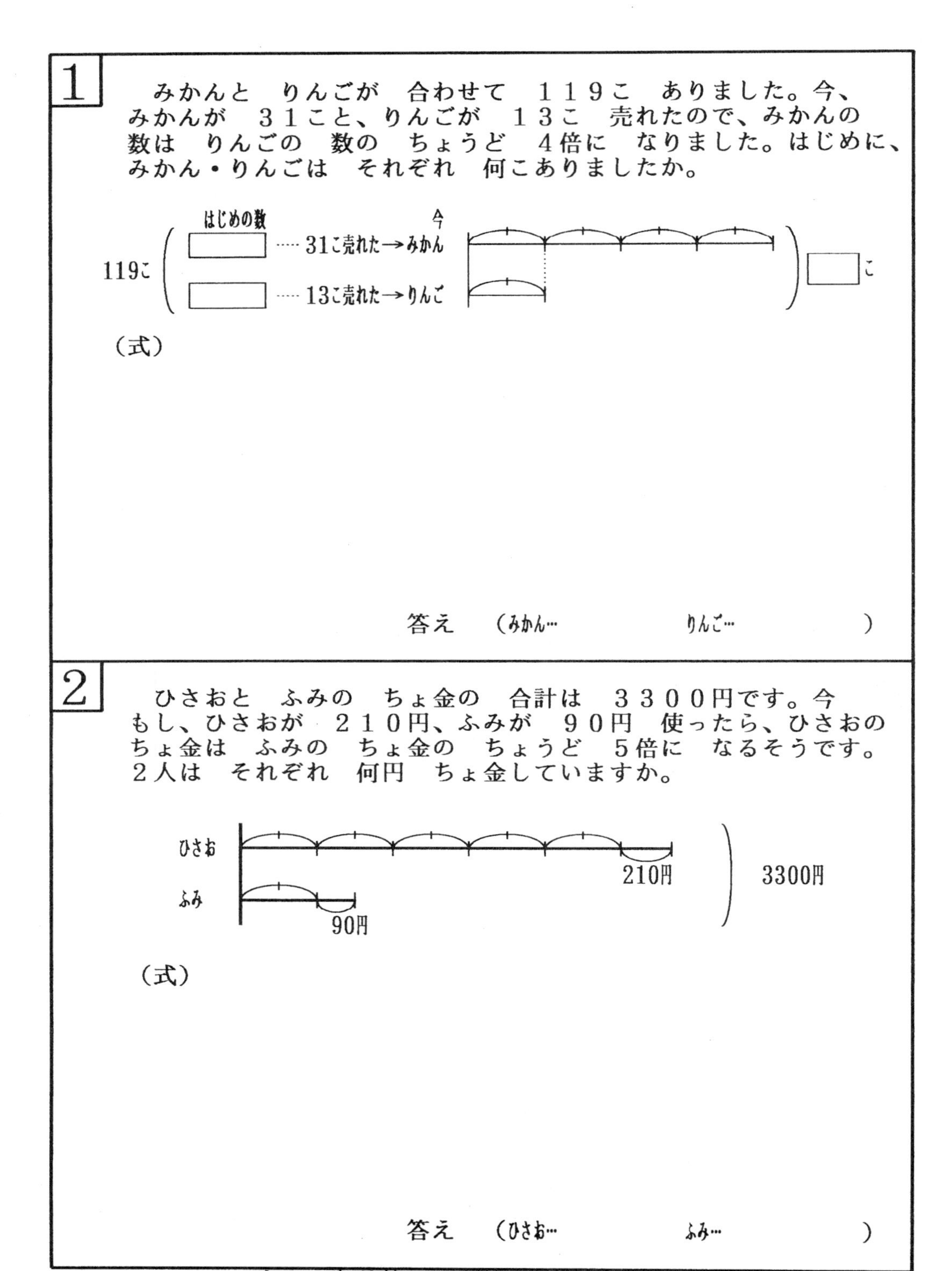

1

　みかんと　りんごが　合わせて　１１９こ　ありました。今、みかんが　３１こと、りんごが　１３こ　売れたので、みかんの数は　りんごの　数の　ちょうど　４倍に　なりました。はじめに、みかん・りんごは　それぞれ　何こありましたか。

（式）

答え　（みかん…　　　　りんご…　　　　）

2

　ひさおと　ふみの　ちょ金の　合計は　３３００円です。今もし、ひさおが　２１０円、ふみが　９０円　使ったら、ひさおのちょ金は　ふみの　ちょ金の　ちょうど　５倍に　なるそうです。２人は　それぞれ　何円　ちょ金していますか。

（式）

答え　（ひさお…　　　　ふみ…　　　　）

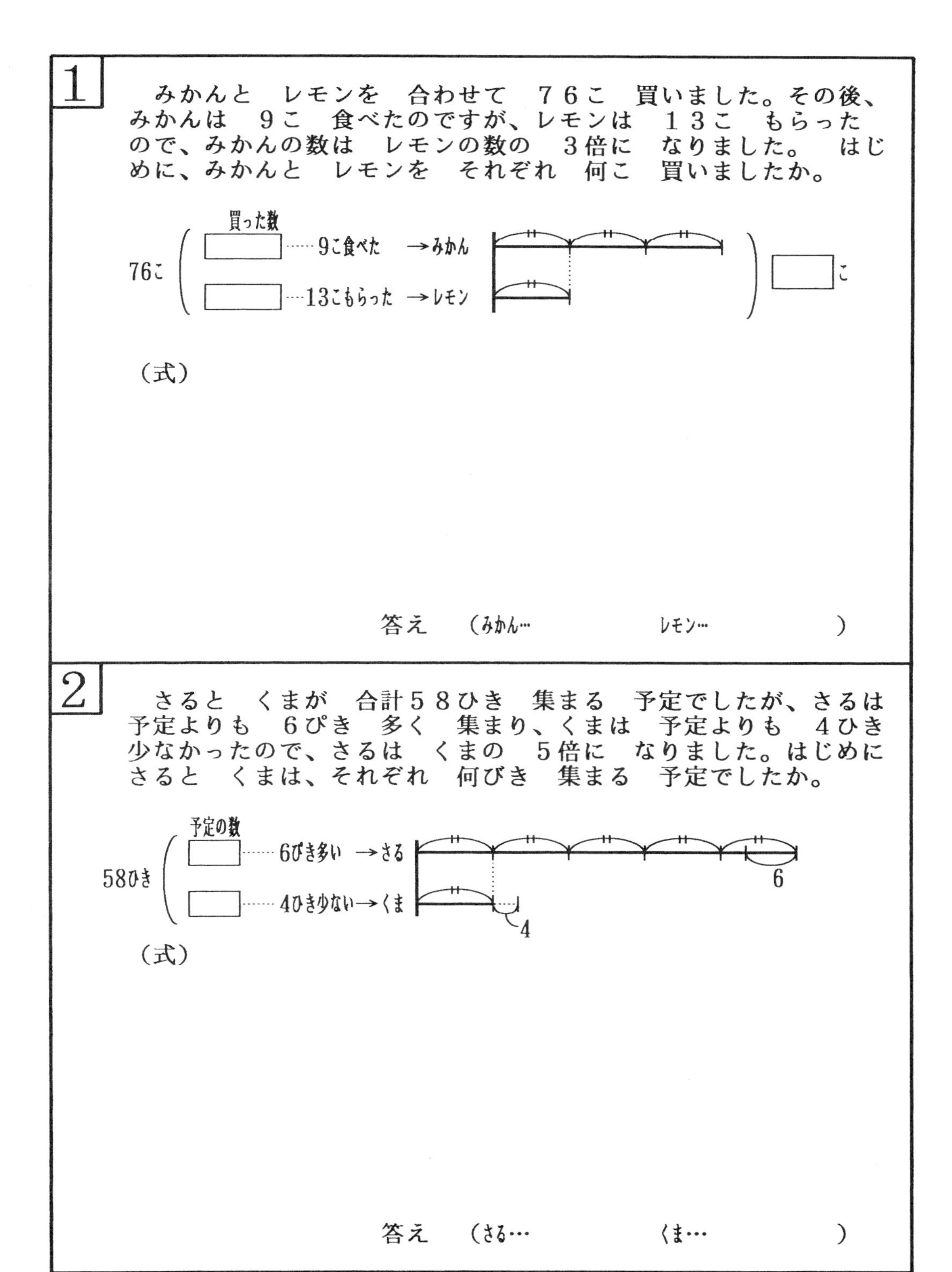

1

　みかんと　レモンを　合わせて　７６こ　買いました。その後、みかんは　９こ　食べたのですが、レモンは　１３こ　もらったので、みかんの数は　レモンの数の　３倍に　なりました。　はじめに、みかんと　レモンを　それぞれ　何こ　買いましたか。

（式）

答え　（みかん…　　　　レモン…　　　　）

2

　さると　くまが　合計５８ひき　集まる　予定でしたが、さるは　予定よりも　６ぴき　多く　集まり、くまは　予定よりも　４ひき　少なかったので、さるは　くまの　５倍に　なりました。はじめに　さると　くまは、それぞれ　何びき　集まる　予定でしたか。

（式）

答え　（さる…　　　　くま…　　　　）

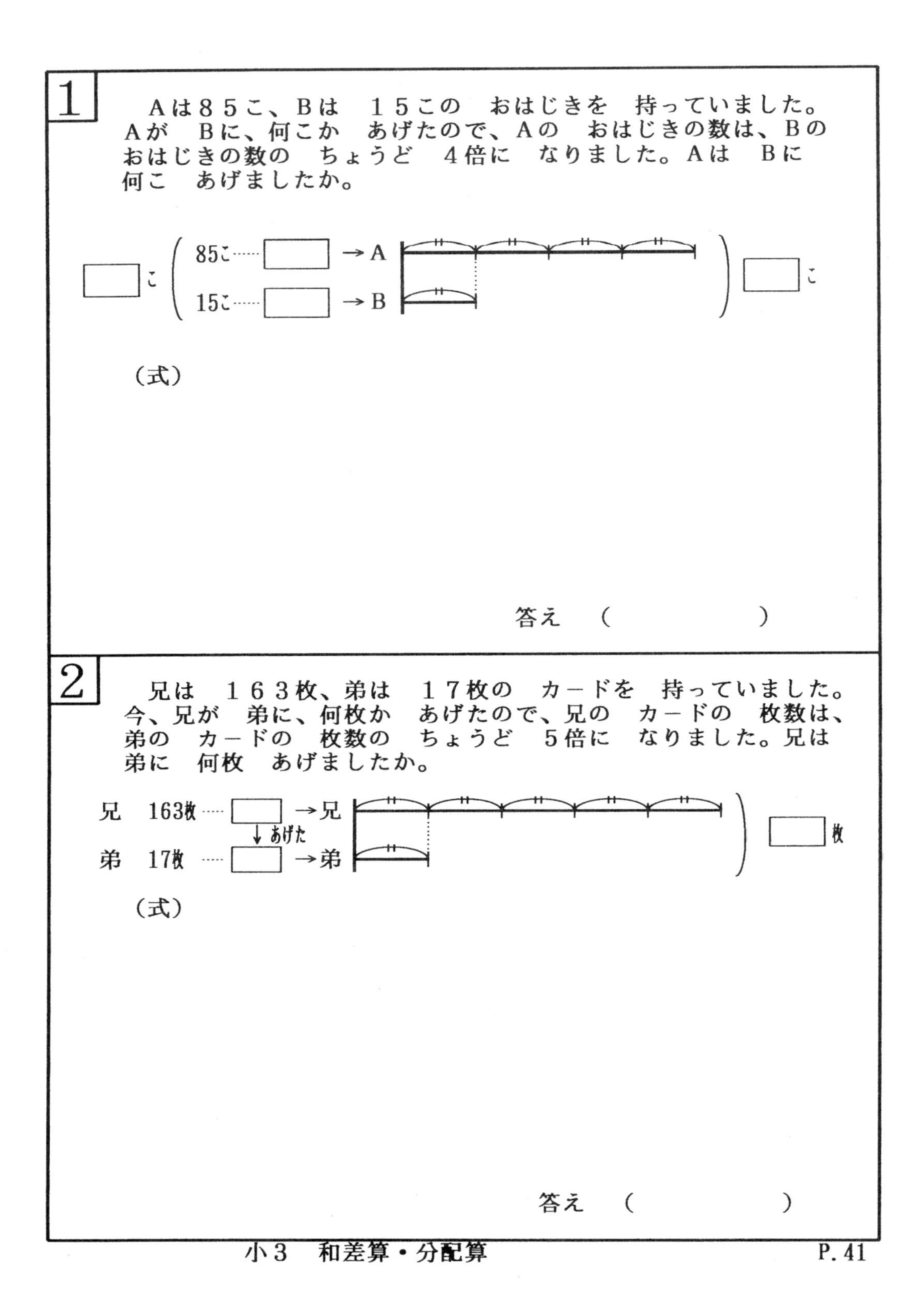

1

Aは８５こ、Bは　１５この　おはじきを　持っていました。Aが　Bに、何こか　あげたので、Aの　おはじきの数は、Bのおはじきの数の　ちょうど　４倍に　なりました。Aは　Bに何こ　あげましたか。

（式）

答え（　　　　　）

2

兄は　１６３枚、弟は　１７枚の　カードを　持っていました。今、兄が　弟に、何枚か　あげたので、兄の　カードの　枚数は、弟の　カードの　枚数の　ちょうど　５倍に　なりました。兄は弟に　何枚　あげましたか。

（式）

答え（　　　　　）

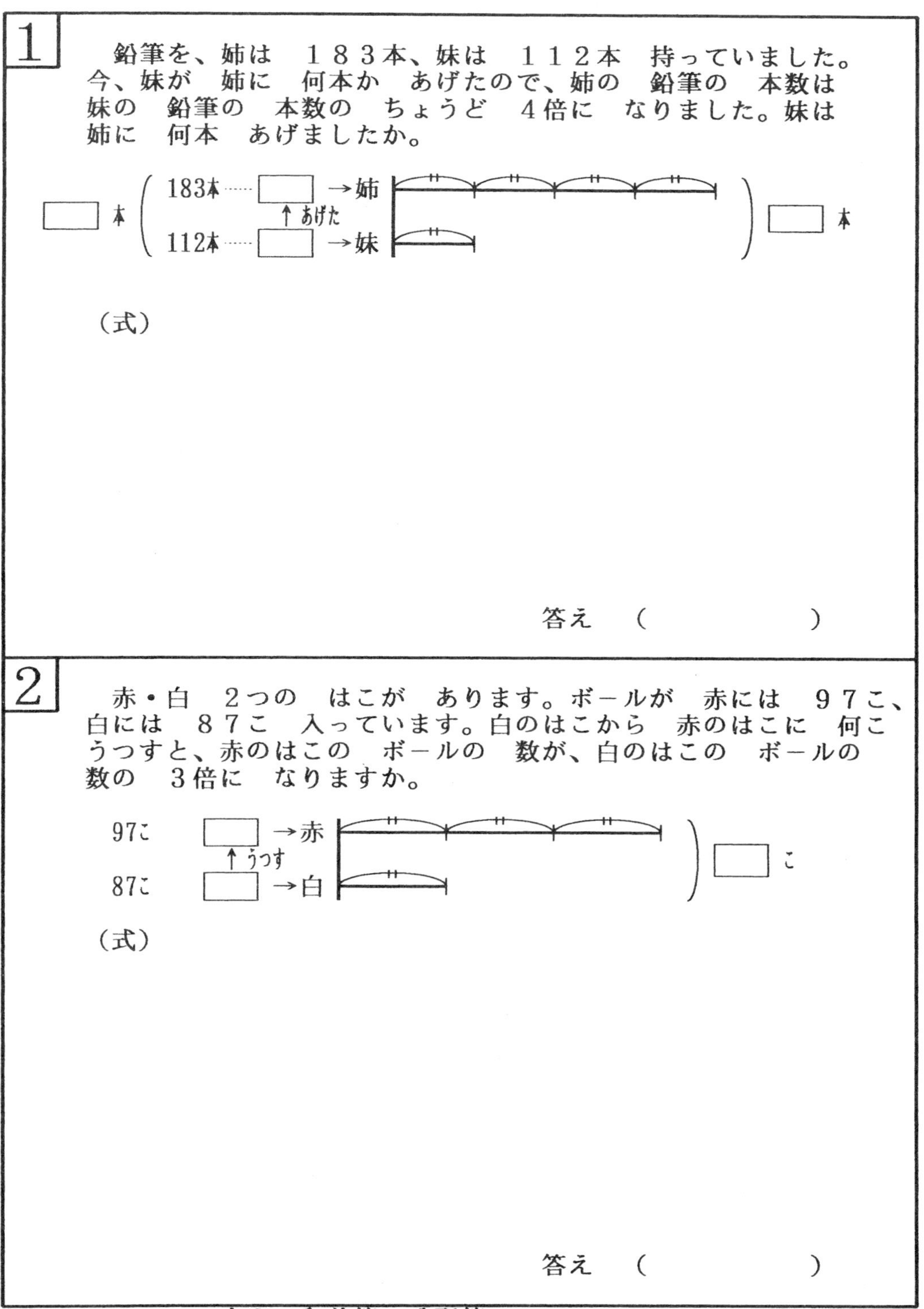

1

鉛筆を、姉は　１８３本、妹は　１１２本　持っていました。今、妹が　姉に　何本か　あげたので、姉の　鉛筆の　本数は　妹の　鉛筆の　本数の　ちょうど　４倍に　なりました。妹は　姉に　何本　あげましたか。

（式）

答え　（　　　　　　）

2

赤・白　２つの　はこが　あります。ボールが　赤には　９７こ、白には　８７こ　入っています。白のはこから　赤のはこに　何こ　うつすと、赤のはこの　ボールの　数が、白のはこの　ボールの　数の　３倍に　なりますか。

（式）

答え　（　　　　　　）

小学３年　和差算・分配算　解答

P.1

[1] 式 8571-1571=7000　答え B 7000円
8571+7000=15571　合計 15571円

[2] 式 497-97=400
400÷2=200　答え A 297まい
200+97=297　B 200まい

[3] 式 433-133=300
300÷2=150　答え A 150こ
150+133=283　B 283こ

P.2

[1] 式 555-82-173=300
300÷3=100・・・B　答え A 182こ
100+82=182・・・A　B 100こ
100+173=273・・・C　C 273こ

[2] 式 1075-51-62-62=900
900÷3=300・・・C　答え A 413円
300+62+51=413・・・A　B 362円
300+62=362・・・B　C 300円

P.3

[1] 式 955-155=800　答え A 800さつ
955+800=1755　合計 1755さつ

[2] 式 852+352=1204
1204÷2=602・・・A　答え A 602こ
602-352=250・・・B　B 250こ

[3] 式 553+93=646
646÷2=323・・・B　答え A 230円
323-93=230・・・A　B 323円

P.4

[1] 式 700+60+20=780
780÷3=260・・・C　答え A 200円
260-20=240・・・B　B 240円
260-60=200・・・A　C 260円

[2] 式 1271+271+171=1713
1713÷3=571・・・A　答え A 571人
571-271=300・・・B　B 300人
571-171=400・・・C　C 400人

P.5

[1]
サル
ネコ
72ひき
572ひき

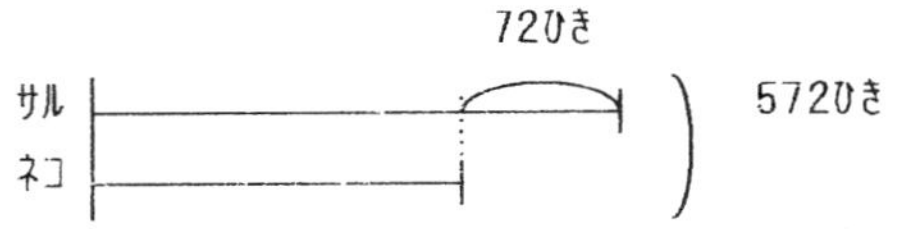

[2]
チューリップ
タンポポ
58本
278本

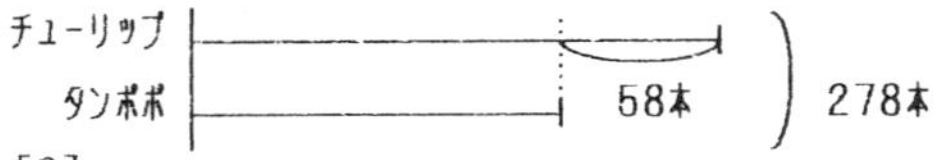

[3]
ぼく
兄
43こ
243こ

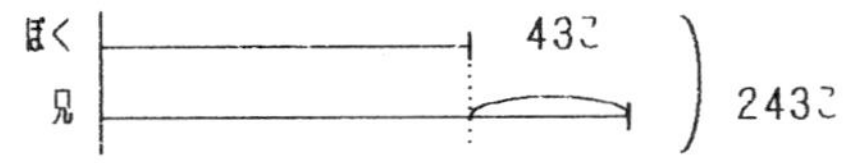

P.6

[1]
兄
弟
820こ
170こ

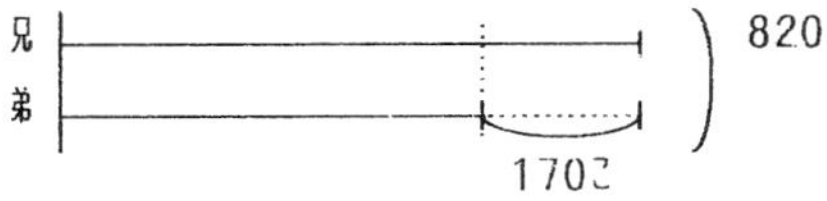

[2]
A
B
C
500円
1500円
5000円

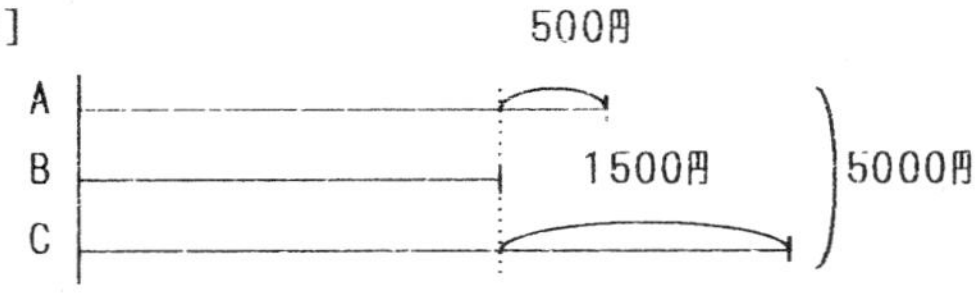

[3]
兄
弟
妹
150円
300円
3600円

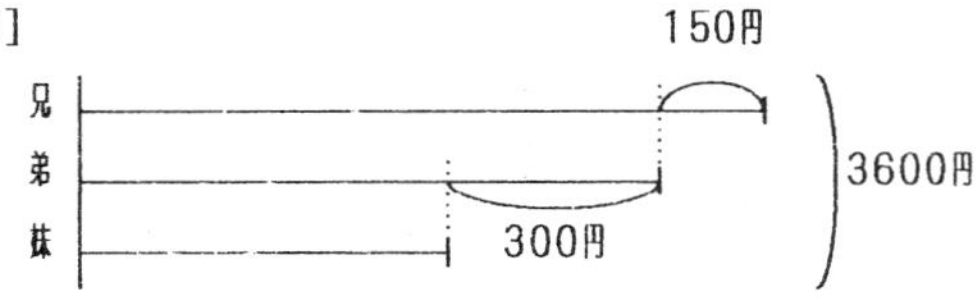

P.7

[1] 式 74-34=40
40÷2=20・・・弟　答え 兄 54こ
20+34=54・・・兄　弟 20こ

[2] 式 725-45=680
680÷2=340・・・女子　答え 男子 385人
340+45=385・・・男子　女子 340人

[3] 式 452-52=400
400÷2=200・・・小　答え 大 252
200+52=252・・・大　小 200

P.8

[1] 式 5m=500cm
500-20=480
480÷2=240・・・次郎　答え 太郎 2m60cm
240+20=260・・・太郎　次郎 2m40cm

小学3年　和差算・分配算　解答

[2]
A 200円
B 400円
C
3800円

式 3800-200-400-200=3000
3000÷3=1000・・・A　　答え A 1000円
1000+200=1200・・・B　　B 1200円
1200+400=1600・・・C　　C 1600円

P.9

[1] 式 3250÷5=650・・・えんぴつ1本とボールペン1本の合計の値段
650-250=400
400÷2=200・・・えんぴつ　　答え ボールペン 450円
200+250=450・・・ボールペン　　えんぴつ 200円

[2] 式 カキ1ことクリ1この合計・・・880÷4=220
220-120=100
100÷2=50・・・クリ1こ　　答え カキ 170円
50+120=170・・・カキ1こ　　クリ 50円

P.10

[1] 式 1部の値段は 7000÷5=1400
1400-400=1000
1000÷2=500・・・下　　答え 上巻 900円
500+400=900・・・上　　下巻 500円

[2] 式 1部の値段は 4000÷4=1000
1000-120=880
880÷2=440・・・上　　答え 上巻 440円
440+120=560・・・下　　下巻 560円

P.11

[1] 式 90÷2=45
45-5=40
40÷2=20・・・横の長さ　　答え たて 25cm
20+5=25・・・たての長さ　　横 20cm

[2] 式 2m=200cm
200÷2=100
100-20=80
80÷2=40・・・たての長さ　　答え たて 40cm
40+20=60・・・横の長さ　　横 60cm

P.12

[1] 式 2m30cm=230cm
230÷2=115
115+15=130
130÷2=65・・・横の長さ　　答え たて 50cm
65-15=50・・・たての長さ　　横 65cm

[2] 式 1m40cm=140cm
140÷2=70
70+10=80
80÷2=40・・・たての長さ　　答え たて 40cm
40-10=30・・・横の長さ　　横 30cm
40×30=1200　　面積 1200㎠

P.13

[1] 式 560-160=400
400÷2=200
200÷5=40・・・みかん1こ
200+160=360　　答え りんご 120円
360÷3=120・・・りんご1こ　　みかん 40円

[2] 式 370-130=240
240÷2=120
120÷6=20・・・鉛筆1本
120+130=250　　答え けしゴム 50円
250÷5=50・・・消しゴム1コ　　鉛筆 20円

P.14

[1] 式 2500-550+360=2310
2310÷3=770・・・B　　答え A 1320円
770+550=1320・・・A　　B 770円
770-360=410・・・C　　C 410円

[2] 式 1700+270+400=2370
2370÷3=790・・・兄　　答え 兄 790円
790-270=520・・・弟　　弟 520円
790-400=390・・・妹　　妹 390円

P.15

[1] 式 456+49+128=633
633÷3=211・・・兄　　答え 兄 211こ
211-128=83・・・妹　　弟 162こ
211-49=162・・・弟　　妹 83こ

小学3年　和差算・分配算　解答

[2] 式 10m=1000cm　1m3cm=103cm
1m33cm=133cm
1000+103+133=1236
1236÷3=412(cm)=4m12cm B
412-103=309(cm)=3m9cm A
412-133=279(cm)=2m79cm C
答え A 3m9cm, B 4m12cm, C 2m79cm

P. 16

[1] 式 92-5+28+(28+5)=148
148÷4=37・・・母
37+5=42・・・父
37-28=9・・・私
9-5=4・・・妹
答え 父 42才　母 37才　私 9才　妹 4才

[2] 式 1000-60-160+20=800
800÷4=200・・・B
200+60=260・・・A
200+160=360・・・C
200-20=180・・・D
答え A 260こ　B 200こ　C 360こ　D 180こ

P. 17

[1] 式 400÷2=200
200-40=160
160÷2=80・・・弟
80+40=120・・・妹
答え 弟 80まい　妹 120まい

[2] 式 276-6=270
270-10=260
260÷2=130・・・女子
130+10=140・・・男子
答え 男子 140人　女子 130人

P. 18

[1] 式 2350+400+200=2950
2950-550=2400
2400÷2=1200・・・今日の弟
1200-200=1000・・・きのうの弟
2350-1000=1350・・・きのうの兄
答え 兄 1350円　弟 1000円

[2] 式 1900-500+100=1500
1500-400=1100
1100÷2=550・・・今日の姉
550+500=1050・・・きのうの姉
1900-1050=850・・・きのうの妹
答え 姉 1050円　妹 850円

P. 19

[1] 式 1200÷5=240
240×2=480・・・A
240×3=720・・・B
答え A 480こ　B 720こ

[2] 式 2700÷9=300
300×7=2100・・・A
300×2=600・・・B
答え A 2100　B 600

P. 20

[1] 式 702÷3=234
234×2=468・・・A
234×1=234・・・B
答え A 468人　B 234人

[2] 式 145-25=120
120÷4=30
30×3+25=115・・・A
30×1=30・・・B
答え A 115円　B 30円

P. 21

[1] 式 88-7=81
81÷3=27
27×2=54・・・A
27+7=34・・・B
答え A 54才　B 34才

[2] 式 550+80=630
630÷3=210
210×1-80=130・・・A
210×2=420・・・B
答え A 130円　B 420円

P. 22

[1] 式 84-9=75
75÷5=15
15×4+9=69・・・A
15×1=15・・・B
答え A 69まい　B 15まい

[2] 式 186+12-18=180
180÷6=30
30×2-12=48・・・A
30×1=30・・・B
30×3+18=108・・・C
答え A 48円　B 30円　C 108円

小学3年　和差算・分配算　　解答

P. 23

[1]
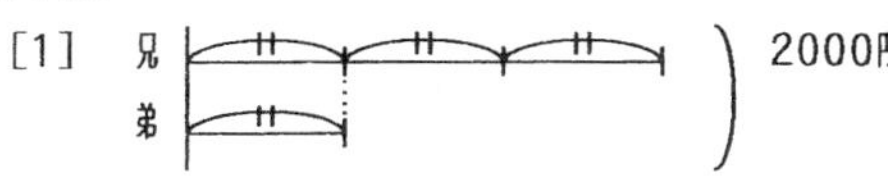

[2]

[3] 兄　妹　500まい　20まい

P. 24

[1]
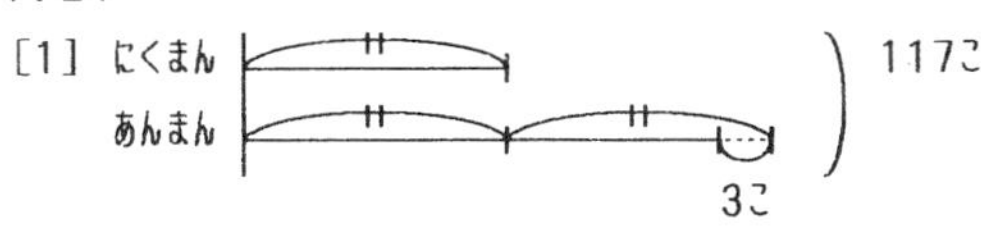

[2]
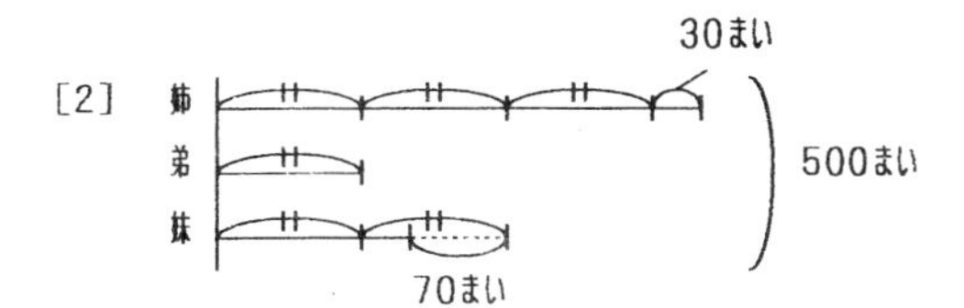

P. 25

[1] 式 900÷3=300
300×2=600・・・兄　　答え 兄 600円
300×1=300・・・妹　　妹 300円

[2] (線分図)
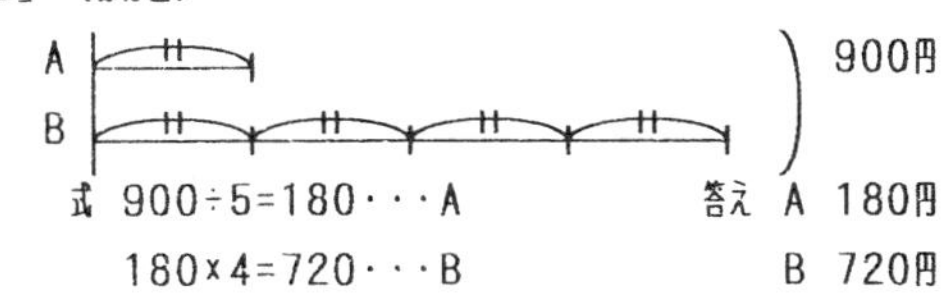

式 900÷5=180・・・A　　答え A 180円
180×4=720・・・B　　B 720円

P. 26

[1] 式 60÷5=12・・・子　　答え 父 48才
12×4=48・・・父　　子 12才

[2] (線分図)
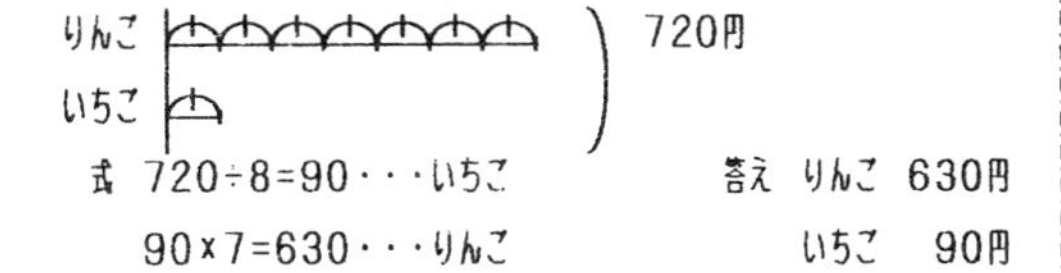

式 720÷8=90・・・いちご　　答え りんご 630円
90×7=630・・・りんご　　いちご 90円

P. 27

[1] (線分図)
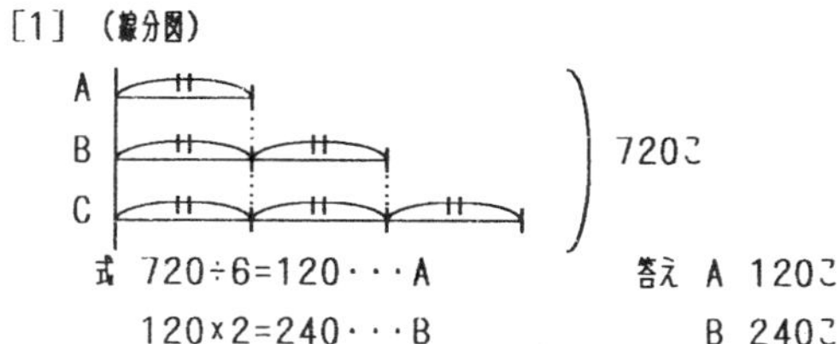

式 720÷6=120・・・A　　答え A 120こ
120×2=240・・・B　　B 240こ
120×3=360・・・C　　C 360こ

[2] (線分図)
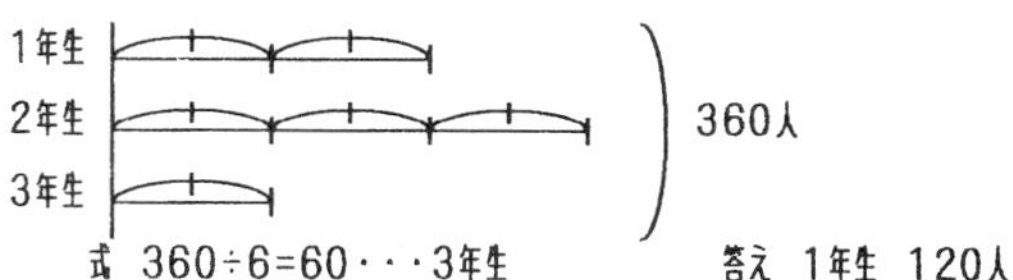

式 360÷6=60・・・3年生　　答え 1年生 120人
60×3=180・・・2年生　　2年生 180人
60×2=120・・・1年生　　3年生 60人

P. 28

[1] 式 560÷7=80・・・A　　答え A 80こ
80×2=160・・・B　　B 160こ
160×2=320・・・C　　C 320こ

[2] 式 940÷10=94・・・弟　　答え 姉 5m64cm
94×3=282・・・妹　　妹 2m82cm
282×2=564・・・姉　　弟 94cm

(線分図は省略)

P. 29

[1] 式 136-16=120
120÷3=40・・・ねこ　　答え いぬ 96ぴき
40×2+16=96・・・いぬ　　ねこ 40ぴき

[2] (線分図)
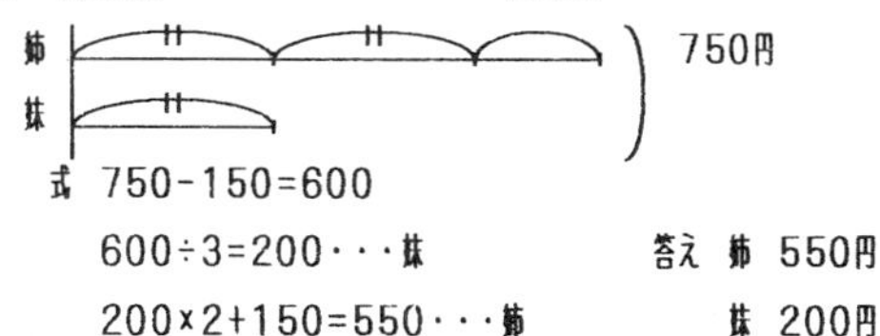

式 750-150=600
600÷3=200・・・妹　　答え 姉 550円
200×2+150=550・・・姉　　妹 200円

P. 30

[1] 式 335-5=330
330÷6=55・・・なし　　答え りんご 280こ
55×5+5=280・・・りんご　　なし 55こ

小学３年　和差算・分配算　解答

[2]（線分図）

大きい数　1　57

小さい数

式 57-1=56

56÷4=14・・・小　　答え 大 43

14×3+1=43・・・大　　小 14

P.31

[1] 式 2550+450=3000

3000÷3=1000・・・てつや

1000×2-450=1550・・・だいすけ

答え だいすけ 1550円　てつや 1000円

[2] 式 320+40=360

360÷4=90・・・A　　答え A 90こ

90×3-40=230・・・B　　B 230こ

P.32

[1] 式 871+5=876

876÷4=219・・・小　　答え 大 652

219×3-5=652・・・大　　小 219

[2]（線分図）

A　42ℓ5dℓ

B　2ℓ5dℓ

式 42ℓ5dℓ=425dℓ

2ℓ5dℓ=25dℓ

425+25=450

450÷5=90・・・A

90×4-25=335・・・B

答え A 9ℓ　B 33ℓ5dℓ

P.33

[1] 式 3250-450=2800

2800÷5=560・・・弟　　答え 妹 1120円

560×2=1120・・・妹　　弟 560円

560×2+450=1570・・・私　　私 1570円

[2] 式 686+12=698

698-38=660

660÷10=66・・・B　　答え A 252

66×4-12=252・・・A　　B 66

66×5+38=368・・・C　　C 368

P.34

[1] 式 234-8×3=210

210÷7=30・・・姉　　答え 姉 30こ

30×2+8=68・・・私　　私 68こ

68×2=136・・・弟　　弟 136こ

[2] 式 9×3=27

153+27=180

180÷10=18・・・かずお　　答え かずお 18こ

18×3-9=45・・・たけし　　たけし 45こ

45×2=90・・・ひろと　　ひろと 90こ

P.35

[1] 式 800÷2=400　　答え たかし 1200円

400×3=1200　　さとる 400円

[2] 式 100÷5=20・・・小　　答え 大 120

20×6=120・・・大　　小 20

P.36

[1] 式 400-20=380　　答え 兄 780円

380×2+20=780　　弟 380円

[2] 式 65-15=50

50÷2=25・・・弟　　答え 兄 90本

25×3+15=90・・・兄　　弟 25本

P.37

[1] 式 32+8=40

40÷2=20・・・小　　答え 大 52

20×3-8=52・・・大　　小 20

[2]（線分図）

だいすけ

ようういち　2800円　1200円

式 1200+2800=4000

4000÷2=2000・・・よういち

2000×3-1200=4800・・・だいすけ

答え だいすけ 4800円　よういち 2000円

P.38

[1] 式 171-11=160

160÷4=40・・・B　　答え A 211

40+171=211・・・A　　B 40

小学３年　和差算・分配算　解答

[2]（線分図）

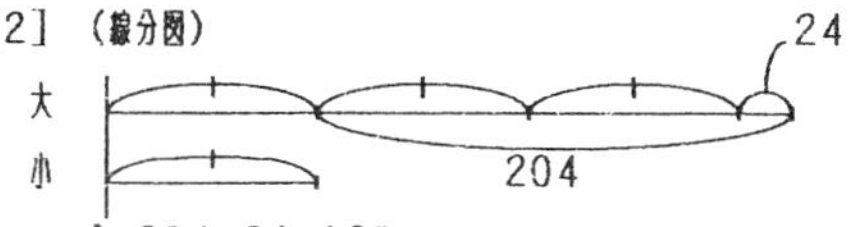

大 ——— 24

小 ——— 204

式 204-24=180

180÷2=90・・・小

90×3+24=294・・・大

答え 大 294

小 90

P. 39

[1] 式 119-(31+13)=75

75÷5=15

15+13=28・・・りんご

15×4+31=91・・・みかん

答え みかん 91こ

りんご 28こ

[2] 式 3300-(210+90)=3000

3000÷6=500

500+90=590・・・ふみ

500×5+210=2710・・・ひさお

(3300-590=2710)

答え ひさお 2710円

ふみ 590円

P. 40

[1] 式 76+(13-9)=80

80÷4=20

20-13=7・・・レモン

76-7=69・・・みかん

(20×3+9=69)

答え みかん 69こ

レモン 7こ

[2] 式 58+(6-4)=60

60÷6=10

10+4=14・・・くま

58-14=44・・・さる

答え さる 44ひき

くま 14ひき

P. 41

[1] 式 (85+15)÷5=20

20-15=5

答え 5こ

[2] 式 163+17=180

180÷6=30

30-17=13

答え 13枚

P. 42

[1] 式 183+112=295

295÷5=59

112-59=53

答え 53本

[2] 式 97+87=184

184÷4=46

87-46=41

答え 41こ

M.acceess　学びの理念

☆学びたいという気持ちが大切です
勉強を強制されていると感じているのではなく、心から学びたいと思っていることが、子どもを伸ばします。

☆意味を理解し納得する事が学びです
たとえば、公式を丸暗記して当てはめて解くのは正しい姿勢ではありません。意味を理解し納得するまで考えることが本当の学習です。

☆学びには生きた経験が必要です
家の手伝い、スポーツ、友人関係、近所付き合いや学校生活もしっかりできて、「学び」の姿勢は育ちます。
生きた経験を伴いながら、学びたいという心を持ち、意味を理解、納得する学習をすれば、負担を感じるほどの多くの問題をこなさずとも、子どもたちはそれぞれの目標を達成することができます。

発刊のことば

「生きてゆく」ということは、道のない道を歩いて行くようなものです。「答」のない問題を解くようなものです。今まで人はみんなそれぞれ道のない道を歩き、「答」のない問題を解いてきました。

子どもたちの未来にも、定まった「答」はありません。もちろん「解き方」や「公式」もありません。

私たちの後を継いで世界の明日を支えてゆく彼らにもっとも必要な、そして今、社会でもっとも求められている力は、この「解き方」も「公式」も「答」すらもない問題を解いてゆく力ではないでしょうか。

人間のはるかに及ばない、素晴らしい速さで計算を行うコンピューターでさえ、「解き方」のない問題を解く力はありません。特にこれからの人間に求められているのは、「解き方」も「公式」も「答」もない問題を解いてゆく力であると、私たちは確信しています。

M.access の教材が、これからの社会を支え、新しい世界を創造してゆく子どもたちの成長に、少しでも役立つことを願ってやみません。

思考力算数練習帳シリーズ３
文章題　和差算・分配算　新装版　整数範囲　（内容は旧版と同じものです）

新装版　第１刷
編集者　M.access（エム・アクセス）
発行所　株式会社　認知工学
〒６０４－８１５５　京都市中京区錦小路烏丸西入ル占出山町 308
電話　（０７５）２５６－７７２３　　email : ninchi@sch.jp
郵便振替　０１０８０－９－１９３６２　株式会社認知工学

ISBN978-4-86712-103-0　C-6341　A03450124K

定価＝ 本体６００円 ＋税